三维矢量块段
矿床模型构模技术

陈晓青　周宝坤　著

北　京
冶　金　工　业　出　版　社
2019

内 容 提 要

本书针对格栅矿床模型在采矿优化设计储量计算方面存在“以精度换速度，以速度换精度”的矛盾，提出建立矢量矿床模型，运用拓扑学、计算机图形学、图形处理技术和采矿学等基本理论和方法，直接采用矿山已有的地质图，构建出由分层棱柱体层叠而成的三维矢量块段矿床模型，并运用该模型对矿山三维可视化、境界圈定和露天采掘进度计划编制这三个数字矿山的典型应用进行基础性研究。

本书可供采矿专业的工程技术人员阅读，也可供高等院校相关专业师生参考。

图书在版编目(CIP)数据

三维矢量块段矿床模型构模技术/陈晓青，周宝坤著. —北京：冶金工业出版社，2019. 5
ISBN 978-7-5024-8126-1

Ⅰ. ①三… Ⅱ. ①陈… ②周… Ⅲ. ①数字技术—应用—矿业工程 Ⅳ. ①TD679

中国版本图书馆 CIP 数据核字(2019)第 101478 号

出 版 人 谭学余
地　　址 北京市东城区嵩祝院北巷 39 号 邮编 100009 电话 (010)64027926
网　　址 www. cnmip. com. cn 电子信箱 yjcbs@ cnmip. com. cn
责任编辑 宋 良 美术编辑 吕欣童 版式设计 孙跃红
责任校对 郑 娟 责任印制 牛晓波
ISBN 978-7-5024-8126-1
冶金工业出版社出版发行；各地新华书店经销；三河市双峰印刷装订有限公司印刷
2019 年 5 月第 1 版，2019 年 5 月第 1 次印刷
148mm×210mm；4. 625 印张；133 千字；135 页
30. 00 元
冶金工业出版社 投稿电话 (010)64027932 投稿信箱 tougao@cnmip.com.cn
冶金工业出版社营销中心 电话 (010)64044283 传真 (010)64027893
冶金工业出版社天猫旗舰店 yjgycbs. tmall. com
(本书如有印装质量问题，本社营销中心负责退换)

前　言

数字矿山是采矿界一项热点研究课题，目前国际上数字矿山软件广泛采用基于格栅的矿床模型，这种模型在采矿优化设计储量计算方面存在“以精度换速度，以速度换精度”的矛盾。为了解决这一问题，本书提出建立矢量矿床模型。矢量矿床模型建模有助于提高采矿优化设计方法的运行速度和计算精度，具有一定理论和实践价值。

本书针对矢量矿床模型的构模方法，运用拓扑学、计算机图形学、图形处理技术和采矿学等基本理论和技术，采用矿山已有的地质图进行构模，根据矿山空间拓扑结构，构建出由分层棱柱体层叠而成的三维矢量块段矿床模型，并运用该模型对矿山三维可视化、境界圈定和露天采掘进度计划编制这三个数字矿山的典型应用进行基础性研究，还结合实际矿山进行了实例检验，取得以下主要成果：

（1）将矿床模型分为形态模型和质量模型，分别对矿体形态和矿石质量进行描述，可满足数字矿山在矿岩量计算、三维可视化和配矿优化等方面的需要。

（2）提出三维矢量块段矿床模型建模方法，采用多叉树的遍历寻找闭合多边形的迭代算法，实现地质图拓扑闭合轮廓线的提取，并对上下相邻分层闭合多边形进行匹配对应，从而自动建立出三维矢量块段矿床模型，有利于实现矿床模型的动态建模。与国际流行的规则格栅模型相比，不仅提高了对矿山生产数据的适应性，符合我国国情，而且提高了运行速度和计算精度，便于采矿多方案优化。

(3) 将三维矢量块段矿床模型用于矿山三维可视化，运用 VR 虚拟现实技术，采用分区分治的方法，实现地表、采场和矿床大规模复杂场景的快速动态建模。

(4) 提出三维聚合锥露天境界圈定方法，通过在各分层中对每个矿体直接构造境界锥，并按经济合理剥采比原则判定合格锥，将所有合格锥聚合在一起形成最优露天境界。优化方法直接，提高了方案的优化速度。

(5) 采用人机交互辅助设计方法编制露天矿采掘进度计划，实现自动计算矿岩量、坑线布置、配铲、计划图表输出等功能，其精度与准确度可靠，满足矿山生产需要。

(6) 矿山三维可视化、露天境界圈定和露天矿采掘进度计划编制的 3 个典型应用实例表明：本书采用矿山已有的地质图构建矢量矿床模型，方法简单、计算精度高、运算速度快，基于该矿床模型的 3 个实例应用都取得较好的效果。

虽然作者本人在数字矿山研究方面有着20多年的研究积累，但其研究成果相对于整个数字矿山来说，是粗浅和微不足道的。希望本书的出版和研究成果能给数字矿山的发展提供一些新的思路，相信通过大家的不断努力，数字矿山研究将走上更高的台阶。

由于作者水平有限，书中难免有不妥之处，真诚希望读者予以批评指正。

陈晓青

2019年3月

目　　录

1 绪 论

矿业是国民经济建设的基础产业，是工业发展的根基，它和农业一样，同属第一产业，世界发达国家制定的发展战略都与矿产资源的争夺相关。

如何利用信息技术来促进采矿业的技术进步、提升矿山的竞争力，是信息时代我们必须面对的现实。随着计算机网络、数据库、虚拟现实、3S 等技术的发展，数字矿山成为采矿工作者研究的一大热点课题[1~4]。

1.1 数字矿山现状

1.1.1 数字矿山应用现状

美国运用计算机、无线通信以及卫星定位 GPS 等技术，开发出的大规模矿山生产实时调度和管理计算机系统，已经接近无人采矿；加拿大也制订了一项 2050 年实现由卫星控制设备运作无人开采的矿山长远规划[5]。

我国在数字矿山建设方面，煤炭行业投入的力度比较大：山东新汶矿业集团泰山能源股份有限公司翟镇煤矿号称我国第一座数字化矿山，与北京大学遥感与地理信息系统研究所合作，运用地理信息系统、计算机网络、三维可视化技术，实现了多矿井动态生产技术信息的管理。比较有代表的成果还有神华集团神东公司的采煤自动化系统、伊敏露天矿的卡车自动化调度系统、开滦集团的电子矿图管理与信息化系统、枣庄柴里矿的生产安全集中监控系统等[6]。

近几年，非煤矿山也取得了一定的成果，如首钢矿业公司的 IS. MES. ERP. OA 集成系统、山东招金集团的三维地测采辅助决策系统以及山东黄金集团引入的加拿大 emcom 资源资产管理系统等，信息化建设覆盖了研发、生产、购销存等方面，提高了矿山资源一体化管控技术水平；紫金矿业集团与中国地质大学合作，开发了集空间图形分析处理、三维可视化等功能为一体的“矿区点源数据库及三维可视化系统”。

目前，国际上较成熟的数字矿山软件比较多[7~10]，包括：

（1）Surpac。Surpac 是由澳大利亚 Surpac Mine 开发的数字矿山软件，建立在实体矿床模型基础上，包括矿产评估规划、生产管理甚至矿山复垦设计等功能。

（2）Emcom。Emcom 是由加拿大 Emcom 公司研发的数字矿山软件，也是建立在实体矿床模型基础上，可以结合国际金属价格圈定矿、岩体的边界，并进行品位分析、储量计算，用于勘探、矿床储量分析及采矿生产管理。

（3）MicroMine。MicroMine 是澳大利亚 MicroMine 公司开发的一套用于勘查及采矿的数字矿山软件，可以提供各种矿产资源评估及其合理化利用、矿山设计和开采计划等项服务。包括地质勘查及 GIS 服务、钻探及采样质量控制、地质及矿产资源预测评估、采矿方案设计及品位控制、露天采场现场管理分析与调度、项目管理与矿山统筹等方面。

（4）DataMine。DataMine 是英国 MICL 公司研发的数字矿山软件，主要包括地质勘探、矿山露采及地采设计以及环保等内容，可对钻孔、地形、实体矿床模型等进行动态显示，矿床模型的品位估算可采用最近邻域法、距离幂次反比法、克立金法、和西舍尔法等多种方法进行[11]。

（5）MineSight。MineSight 由美国 Mintec 公司研发的，包括 MineSight Modeling Tools、MineSight Design Tools、MineSight Planning Tools、MineSight Operations 等工具，可进行矿床的建模、采矿设计及生产过程管理。

1.1.2 数字矿山研究现状

1.1.2.1 研究进展

1998 年 1 月 31 日，前美国副总统戈尔在讲演中提出数字地球：

我们需要一个“数字地球”（DigitalEarth，DE），一个可以嵌入海量地理数据的、多分辨率的、真实地球的三维表示。数字地球的提出，在全球范围内兴起一场“数字化”热潮，世界各国相继提出了本国数字化的各种设想。1998年6月11日，前国家主席江泽民在中国科学院第九次院士大会和中国工程院第四次院士大会的讲话中提出了构建数字中国（DigitalChina，DC）的构想，紧接着，诸如数字农业、数字海洋、数字交通、数字长江、数字城市、数字矿山等新鲜名词也应运而生。

许多专家对数字矿山进行了研究，取得许多成果，并在数字矿山的定义、构架、关键技术等方面提出了各自的看法。

中国矿业大学吴立新教授认为[12~14]“数字矿山是对真实矿山整体及相关现象的认识与数字化再现，是一个硅质矿山，是数字矿区和数字地球的一部分”，并提出了数字矿山的关键技术及网络构架，关键技术包括：矿山数据仓库技术、矿山数据挖掘技术、真3DGM（三维地学模拟）与可视化技术、矿山3D拓扑建模与分析技术、组件式矿山软件与模型、地下快速定位与自动导航技术、井下多媒体通信与无线传输技术、智能采矿机器人、矿山3S与OA（自动化办公）及CDS（指挥制度系统）五位一体技术。他认为数字矿山作为一个复杂的系统，具有同心圆型的层次结构特点。按数据流和功能流进行剖分，数字矿山结构由外向里依次为采集系统、调度系统、应用系统、过滤系统、核心系统共5部分，基本组成如图1.1所示。

（1）采集系统。负责数据的采集、处理与更新，包括测量、勘探、传感和文档（含设计数据）四大类矿山基础数据。

（2）调度系统。作为矿山信息化办公与决策的公共平台和各类矿山软件集成和各类模型融合的公共载体的MGIS，负责矿山地物对象的拓扑建立与维护、空间查询与分析、矿山制图与输出等GIS基本功能，并进行数据访问控制，调度和控制各类“车辆”的运行、“燃料”的采集、更新与过滤等。

（3）应用系统。即各种专业应用软件的集合，包括MCAD、VM、MS、EC、AI和SV等，为矿山业务流程和决策所需的各类工程计算与应用分析提供功能服务。

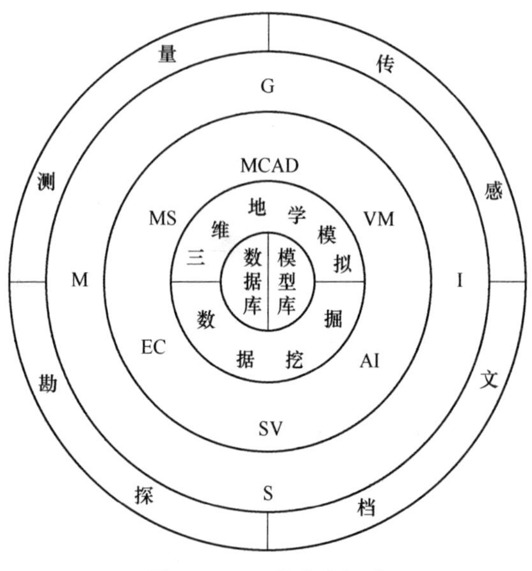

图 1.1 DM 的基本组成

（4）过滤系统。负责多源异质数据的集成和质量控制，集成和融合多源异质矿山数据进行 3D 空间建模，并通过数据过滤与重组机制进行数据挖掘和规律发现。

（5）核心系统。负责统一管理矿山数据和应用模型，由矿山时空数据仓库和矿业应用模型库两个子系统组成. 是数字矿山的心脏或“油库”。

数字矿山系统在矿山企业中的业务化运作是基于企业的宽带、高速网络来实现的。基于矿山业务流程的 4 层 C/S 的系统模式，该系统由 WWW 服务器、GIS 服务器、应用服务器和数据与模型服务器 4 层组成，数据与模型服务器中的数据组织以对象-关系型数据库为核心。

中科院毕思文[15]从基础理论和模型、技术支撑、系统工程和建设有中国特色“数字矿山”思路的角度出发进行数字矿山架构的研究。认为数字矿山的核心和目的是汇集并处理巨量的矿山信息，进而实现对矿山系统高分辨率、四维的描述。它由呈现某种可浏览的、适合于各种分辨率的多维矿山图像界面的用户界面和快速增长、联网的矿山信息系统组成，以整合和显示来自不同渠道的信息机制这两部分组成。

东北大学孙豁然教授[16]认为，数字矿山是以计算机及其网络为手段，对矿山的所有空间和有用属性数据实现数字化存储、传输、表述和深加工，应用于各个生产环节与管理和决策之中，以达到生产方案优化、管理高效和决策科学化的目的。因此，数字矿山的基本特征是网络、信息存储、传输、表述和深加工，换言之，数字矿山即对矿山现有的地质资料、纸质文件、生产工艺环节、现有的装备、设施进行信息化，充分利用这些信息，进行科学决策，实现资源合理配置，最大限度地提高企业效益，而不是必须去实现自动化、无人开采才能完成数字矿山建设。因此，数字矿山不应与自动化开采技术、无人开采等混为一谈，实现了数字矿山的企业可以是全面应用自动化、无人开采技术的企业，也可以是局部应用自动化、无人开采技术的企业，同样也可以是应用传统开采工艺的企业。他还提出数字矿山应该具有的4个功能：（1）与矿山有关的数据（以下称矿山数据）高度数字化，其功能内涵包括矿山数据的采集、存储、检索、转换、传输及交叉访问等；（2）能够借助3S技术、多媒体、人工智能技术、WebGIS技术、虚拟现实技术等技术系统对矿体和矿山进行三维显示（为地质工作人员科研提供数据支持）、对开采作业进行适时监控，实现人工智能，对矿石堆放及对环境的影响进行检测与评估等；（3）数字矿山应该能在计算机技术、网络技术等高新技术的支撑下，实现同部门、同行业矿山数据及时发布、更新、共享与交换；（4）数字矿山应该具有预测、评价、分析等功能。

东北大学王青教授[17]认为，数字矿山的功能内涵必须从对矿山数据的存储、传输和表述向更深层次延展，包括各个层次的更实质性的应用，特别是作用于生产过程的直接应用。只有这样，我们才能从数字矿山得到可观的回报。数字矿山的主要功能可以归纳为：（1）数据的获取、存储、传输和表述。利用现代技术（如RS、GPS等）获取更具时效性、更准确的相关数据，对矿区的空间、属性和管理数据实现全方位的存储、管理和限定的传输，并能够根据数据的性质和需要提供各种必要的表述形式。（2）矿山生产与经营决策优化。数字矿山应该使分析、预测和优化方法走出书本，在矿山生产方案确定、参数选取与经营决策中发挥尽可能大的作用。发达国家的实践表明，生产优化与科学决策能够创造巨大的经济效益，尽管这样的效益大都是隐形的。（3）各种设计、计划工作和生产指挥的计算机化。所有生产中的设计和计划工作（包括把方案优化解转化为可执行方案）在计算机上完成，实现主要生产设备运营的计算机调度等。（4）生产工艺流程和设备的自动控制。如选厂工艺流程自动控制、设备远程操作或全自动驾驶、全自动机器人化验室等。

这些定义虽然有些不同，但有一个共同点，都是将先进技术应用到矿业，解决采矿工程综合优化问题，提高矿山技术水平，目标是一致的。

实际上，数字矿山的研究始于系统工程，主要是运用运筹学对矿山工程和生产过程进行优化[18,19]，我国研究的历史也不短，早在20世纪50年代就开始了矿业系统工程的研究；60年代前期有若干研究成果出现，其间由于历史原因，这方面的研究工作中断了多年；直到70年代后期，又重新开展了采矿系统工程研究；进入80年代后，研究工作更加深入广泛，各矿山类的高校、研究所、设计院相继成立了矿业系统工程室，出现了许多代表性成果，如露天矿采掘进度计划的编制、露天开采模拟等；90年代由于矿业经济不景气，导致国内矿业系统工程界的萧条；进入21世纪，数字矿山的提出，使这方面的研究重新焕发青春。

矿业系统工程研究范围相当广泛，深入到采矿工程各个领域，大致可以概括为下述六个方面[18]。

1.1.2.2　矿床模型

采矿工程的规划设计离不开储量的计算，故需要将矿床地质资料处理成能被计算机识别的模型[20]，用以描述矿床形态和矿产质量。

然而，埋藏在地下的矿床比较复杂，矿床形态、埋藏条件各不相同，千差万别，由于矿床本身的特性，对其的研究在认知意义上也有着显著的特点[21]：

(1) 成矿过程的不可逆性。矿床作为地壳演化不同阶段的产物，由于持续时间的久远，成矿条件的初始差异及其演化的复杂性决定了矿床如人的指纹一样，具有各异性，是不可逆的过程。

(2) 观察的不可直视性。不可直视性是指人们不可能直接看到事物形成过程的始终。矿床作为一个黑箱，其内部究竟是一种什么状态，不可能从整体上把握成矿作用总的特点。

(3) 认识的多歧性。对矿床的认识会出现多歧性。多歧性表现在两方面：1) 矿床本身是一个复杂的客体，人们迄今对矿床时空分布、宏观及微观特征的研究已经说明了这一点；2) 观察者认识水平的差异，其中包括个人的专业素质及认识条件的局限等。意见相左在矿床学领域是一个普遍的、长期存在的现象，甚至对同一矿床，依然存在截然相反的看法。

正因为矿床在认知方面有这些特点，当我们面对一个复杂矿床的时候，就存在一些有关认识上的困惑：研究矿床，要进行必要的仪器测定、取样分析。利用这些结果时，可能会产生并非唯一的结论，这是知觉不稳问题；不同的研究者具有不同的学术水平，带有派别和个人观念的色彩，认识角度各有差异，因此对同一矿床的理解各有不同，甚至截然相反，这是认识的历史不确定性所致；对于成矿作用诸因素，有的被强调，有的被忽略，而那些被忽略的成矿因素也许起着举足轻重的作用，其结果就会像木桶效应显现的那样，不能从整体上把握事物的本质特征；各执一词，沉湎于矿床成因的争论，认识不到事物的模糊属性，把时间和精力放在肢解开来的精细更精细的研究上，所付出的代价不小，得到的有意义的结论却微乎其微，这是根深蒂固的确定论及还原主义思想的直接后果。

这些现象虽非普遍存在，但却关系重大，很值得我们重视。如果处理不当，有时甚至成为影响人们认识客观事物的重要障碍。

因此，研究矿床并非轻而易举的事，但矿床并不是不可以认识的，可以通过有限的勘探和取样分析，来推断地下矿床分布情况。对矿床认识的程度和精度，很大程度上取决于勘探的网度、钻孔数据的准确程度以及矿床赋存状况的复杂程度。

矿床模型主要有方块模型、实体矿床模型、表面模型。

A 方块模型

由于采用计算机计算特定范围内多矿种的储量是个难题，20 世纪 60 年代初，国外提出将矿床划分为离散的方块，通过扫描方块的个数求得储量[19,22,23]，这种办法就是方块模型法，解决了当时采用计算机计算储量的难题，使计算机应用到采矿设计成为可能，如图 1.2 所示。

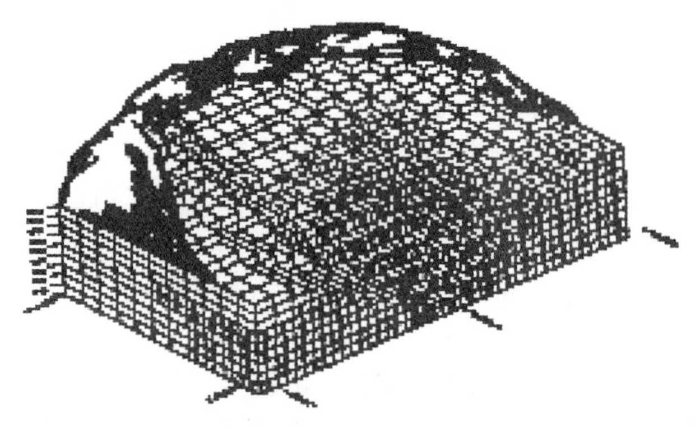

图 1.2 传统的块段构模法

方块模型在国际上得到广泛应用，20 世纪 70 代和 80 年代开发的一些采矿软件，如 RTZ 开发的 OBMS 和 OPDP，Control Data 的 MINEVAL 和 Minetec 的 MEDS 都采用了这种矿床模型技术。

20 世纪 80 年代，方块模型建模法引入我国，许多专家通过方块模型进行了大量的矿山优化研究，取得了许多成果。方块模型对矿业系统工程研究起到不可估量的作用。可以说，如果没有这种建模法，就没有露天开采浮动锥境界圈定、采掘进度计划计算机编制等方法的实现。

方块模型算法简单，通过扫描方块个数来实现储量计算，但在精确模拟矿体边界和分割粒度方面，两者存在尖锐矛盾。

如图 1.3 所示，方块的大小直接影响矿岩体积计算的精度。矿床模型要解决的第一个问题就是多矿种并存的算量问题。假设多边形（粗实线）为某种矿石，现要统计多边形内的方块个数来计算该矿种的面积。图中多边形边界处，方块都是一部分在多边形内，另一部分在多边形外，多边形内部小于一半的不参加统计，这样多边形的面积用粗虚线的面积来代替，误差很大。单元块尺寸越大，误差越大。如果把单元块变小，可以降低误差，但大大降低了计算机的运算速度。早期应用方块模型的采矿软件，在绘制图纸方面还会出现锯齿现象，如图 1.3 中粗虚线所示。

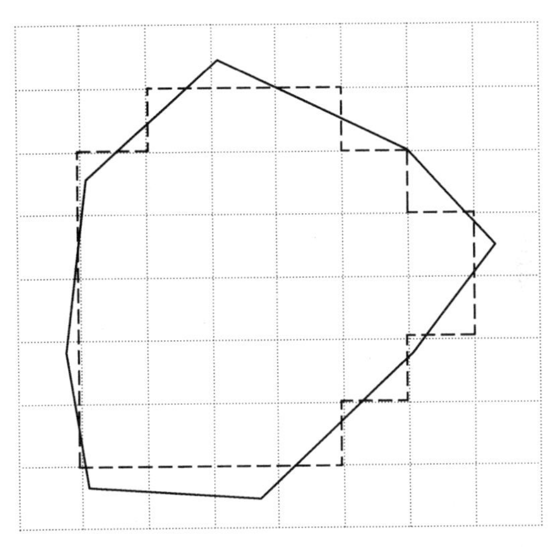

图 1.3 块段模型的计算误差

总之，方块模型最大的缺点就是计算精度和运算速度始终存在尖锐矛盾。如果要求精度高，就必须缩小方块的几何尺寸，方块数就急剧增多，降低了运算速度；如果要求提高速度，只能加大尺寸，计算精度就大大降低。尤其是处理像露天矿境界圈定这样的大型优化问题，精度和速度之间的矛盾非常突出。

B 实体矿床模型

为了弥补方块构模处理边界的不足，将边界的大块再细分为小块[24]，出现了实体矿床模型。实体矿床模型与方块模型原理相同，只是技术上做了些改进，可以视其为一种改良的方块构模法，如图 1.4 所示。由图可以明显看出，误差减少很多，但无论再怎么细分，误差总是存在的。

C 表面构模法

表面构模法是在线框模型[25]的基础上引入了面的概念，通过对

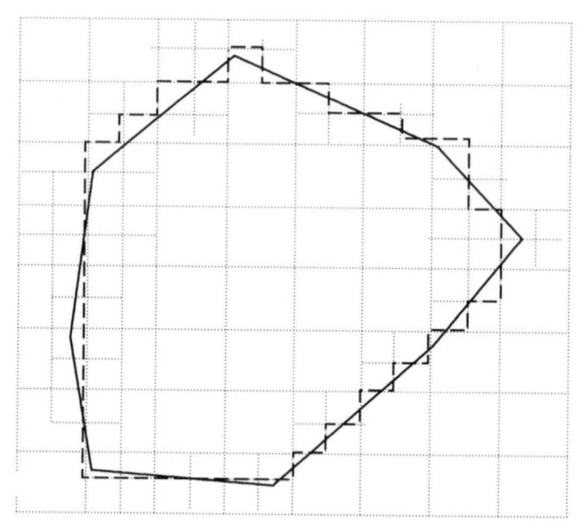

图 1.4　块段模型中边界再细分的计算误差

物体表面面片进行描述的一种三维可视化建模方法。由于表面模型[26,27]增加了面、边的拓扑关系，故可以进行面片的生成、渲染、消隐等作业。对于大多数应用来说，用户仅限于看的层面。表面模型通过使用一些面片来描述真实物体的表面，可以形象地表现出物体的外观。这种方式应用广泛，Maya、3dsmax 等软件工具在这方面比较优秀[28]。目前数字矿山软件的三维可视化采用的都是这种技术。

在品位估值方面，目前国际上普遍采用勘探、炮孔数据进行品位估值建模，估算出矿石品位是渐变分布的。估值方法主要有最近样品法、距离 N 次方反比法和克里格法等[9, 19,24,29~33]，这些方法都基于样品加权平均，对落在单元块影响范围内的样品品位采用加权平均，从而计算出单元块的品位，只是所用权值不同。

D　最近样品法

最近样品法的原理是先找到离某单元块最近的一个样品，并将这个样品的品位作为该单元块的品位。如果是在二维状态下，以该单元块的中心为圆心，以影响半径 R 为半径作圆，分别计算落入影响范围内的每一样品与该单元块中心的距离，选取与该单元块距离最小的样品，其品位即为被估单元块的品位。如果在影响范围内没找到样品，则该单元块的品位为 0 值，当成废石。

如果是在三维状态下，影响范围即由二维状态下的圆变成球体，对落入球内的所有样品进行计算，找到离该单元块最近的样品。

计算出所有单元块的品位后，品位大于边界品位的单元块构成矿体。最近样品法算法最简单，由于参加估算的样品最后只有一个，误差比较大。

E　距离 N 次方反比法

最近样品法只有一个样品参与单元块品位的估值，如果把影响范围内所有样品都参加单元块品位的估值，就可以提高估值的精度。距离 N 次方反比法认为：由于各样品距单元块的距离不同，其品位对单元体的影响程度也各不相同，按样品离单元体的距离设置一个权值，其权值等于样品到单元块中心距离的 N 次方的倒数（$1/d^N$），样品离单元块越近权值应该越大，越远越小，如图 1.5 所示。

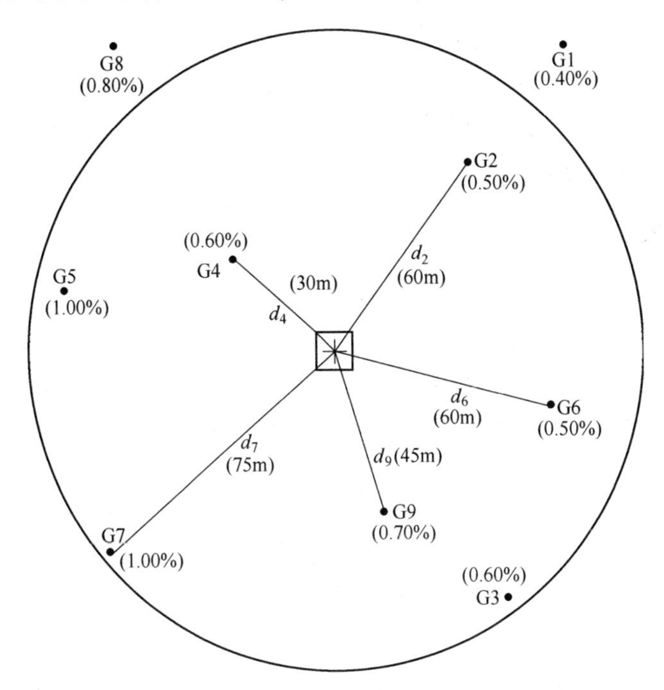

图 1.5　距离 N 次方反比法图

单元块品位 X_b 的计算：

$$X_b = \sum_{i=1}^{n} \frac{x_i}{d_i^N} \Big/ \sum_{i=1}^{n} \frac{1}{d_i^N} \tag{1.1}$$

式中，x_i 为落入影响范围的第 i 个样品的品位；d_i 为第 i 个样品到单元块的距离。

通常，N 多取 2 次方，即为距离平方反比法。

F 地质统计学法

地质统计学是 20 世纪 60 年代初新兴的一个应用数学分支，是由南非的 Danie Krige 提出的，后来法国的 GeorgesMatheron 进行了数学加工，在理论和实践中都得到很大发展与完善，形成了完整的理论体系。

概括起来，目前国际上采矿软件都采用实体矿床模型建模方法。为了满足数字矿山三维可视化、储量计算和品位估值的要求，实际上，实体矿床模型建立了三套模型：可视化采用表面模型，储量计算需要建立方块式的实体矿床模型，另外还有一个根据钻孔数据进行的品位估值模型。实体矿床模型和方块模型一样，由于模型受矿山规模的约束，在计算精度方面受影响较大，因此对矿山多方案、大计算量优化设计影响也非常大。

1.1.2.3 矿山规划与设计方面

矿山规划与设计关系到矿山所在地区的整体发展规划、环保等有关问题，各个问题相互联系且相互制约。另外，每个问题本身又是一个非常复杂的多方案规划问题，如此复杂且具有矿山特色的规划与设计问题，如果仅靠人的经验，是难以做出正确决策的，同样，仅靠某种数学方法或者定量分析也是解决不了问题的。解决这样的大系统规划和设计问题，系统工程提供了有效的理论和方法。比如，在露天矿境界圈定方面，比较成熟的成果有浮动锥境界圈定方法、图论境界圈定方法和动态规划境界圈定方法等算法[19]。

A 浮动锥境界圈定方法

20 世纪 60 年代初期，美国 Connecott 铜矿公司首先提出并采用了浮动锥法进行露天矿境界圈定。浮动锥法是一种系统模拟法，先要建方块经济模型，根据采矿的损失贫化、矿石品位、选冶的实收率与损耗，计算出每个方块的金属量，再将计算出的金属量与价格相乘得到方块收入，减去摊销在每方块上的采、选、冶的成本，得到各方块的盈利净值。岩石块只有剥离成本，所以净值为负，对于虽含矿但收入小于生产成本的负净值方块，也当作废石来处理。

如图 1.6 所示，以每个方块生成一个模拟境界的倒圆锥，计算生成的倒圆锥内的所有单元块净值之和。如果净价值之和为正，则该圆锥值得开采，反之不可采。最后，将每个可采锥组合在一起，近似为整个露天境界。圆锥体越密，越逼近真实的露天坑，如图 1.7 所示。

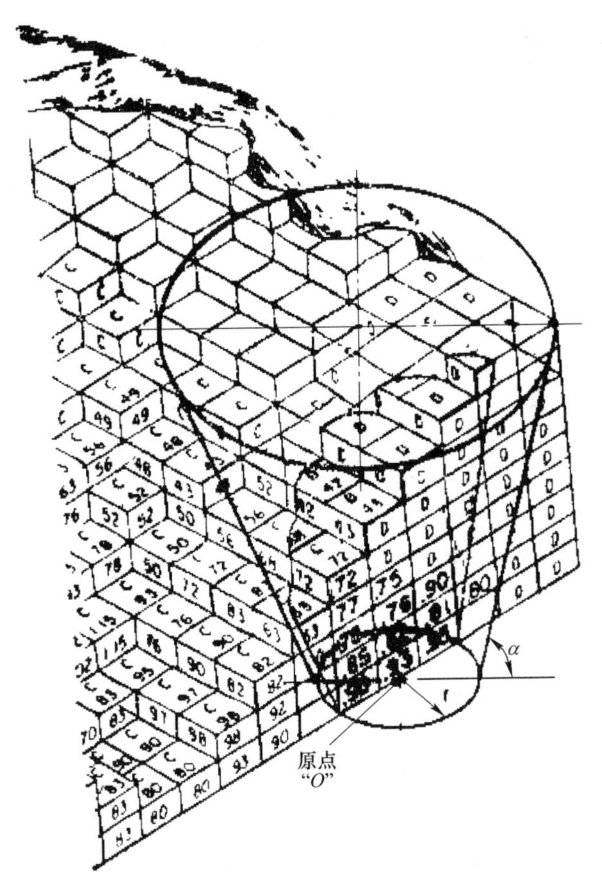

图 1.6 单个圆锥体的示意图

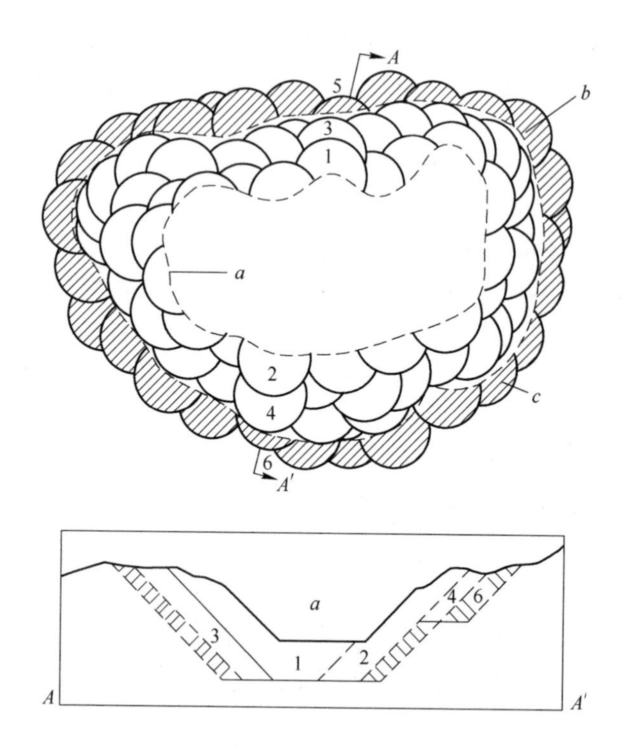

图 1.7　多层圆锥法确定露天境界示意图

a—现在的露天坑境界；*b*—经济的露天坑境界；*c*—非经济区域

B　图论境界圈定方法

图论境界圈定方法是 1965 年由加拿大的 Lerchs 和 Grossman 首先提出的，认为在矿床中组成矿体和围岩的各个方块，其开采顺序应该是有规律的，彼此之间存在约束关系，如图 1.8 所示，如果要开采某水平上的一个块，就必须先采出上一水平水平上面 5 个块。把这几个方块当成一个个节点，将它们之间的这种约束关系通过有向弧连接起来，构成运筹学中图论的一个图，再用图论方法研究这些方块组合的经济效果，得到一个利润最大的最优组合，即最优的露天境界。

如图 1.9（a）所示，图中价值模型由 6 个方块组成，$x_i(i=1, 2, \cdots, 6)$ 为第 i 方块的位置，方块中的数表示方块的价值。设方块均为大小相等的正方体，境界帮坡角设为 45°，则可建立如图 1.9

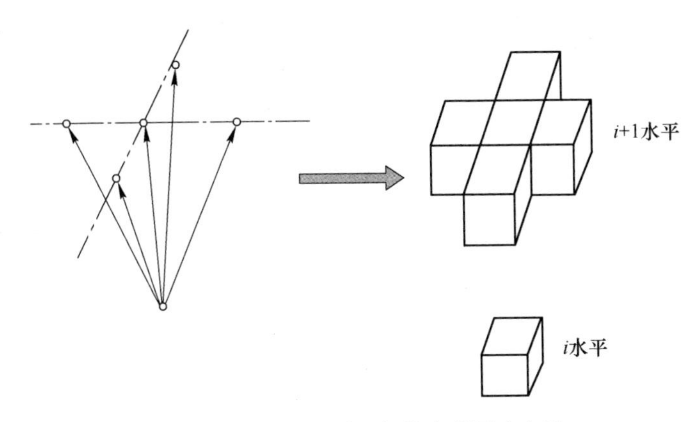

图 1.8 露天开采几何约束的图论表示

(b) 所示的拓扑图，图 1.9 (c) 和图 1.9 (d) 都是图 1.9 (b) 的一个子图。模型中方块的价值在图中表示为节点的权。

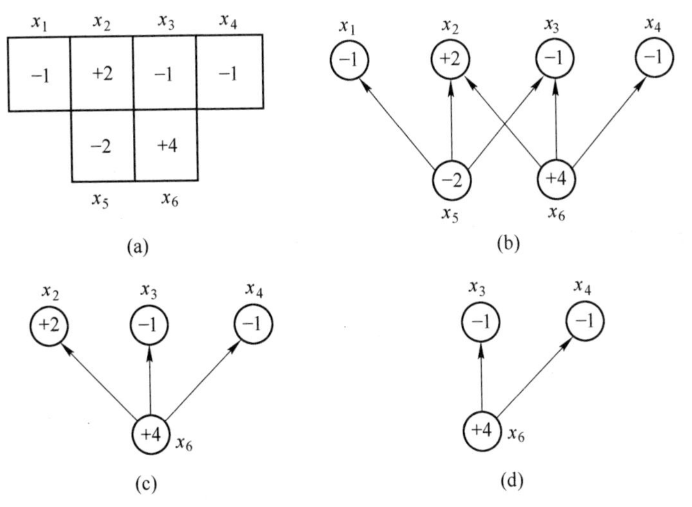

图 1.9 方块模型与图和子图

由于子图必须满足几何约束，从被开采的方块引出的弧末端所连接的所有方块都必须是已开采，可以视为一个可行的露采境界，如图 1.9 (c) 所示。再看图 1.9 (d) 子图，它不满足几何约束条件，不能作为可行的露采境界。

成为可行的露采境界的子图叫可行子图。以可行子图内的任一个节点为始点，其所有弧末端连接的节点也要在可行子图内。图 1.9（b）中，x_1、x_2、x_3和 x_5形成一个可行子图；而 x_1、x_2、x_5不能形成可行子图，例如 x_5为始点的弧（x_5、x_3）所指的节点 x_3不在可行子图内。将可行子图内所有节点的权值相加得到可行子图的权，其中权值最大的可行子图称为最大可行子图。最大可行子图也就意味着其开采价值最大。因此，露天开采境界优化问题可以抽象为在图中求价值模型所对应的最大的可行子图问题。

由于图论法确定露天矿最优境界，需要进行多次迭代，运算速度慢、收敛性也很差，故实际应用少。

C　动态规划境界圈定方法

动态规划境界圈定方法是在 1964 年由 Grossman 和 Lerchs 首先提出的，也采用方块模型，以经济效益最大为原则。当时只是在二维剖面上进行露天矿最优境界确定，在此基础上美国的 T. B. Johnson 又提出了三维动态规划法，并且编程予以实现。

三维动态规划法的原理是沿着矿体的走向，以方块间距截取剖面，每个剖面都采用二维动态规划法来计算出每下降一分层时的累积净值，将此值反映在纵剖面相应位置的方块上，再在纵剖面上采用二维动态规划法优化出最优境界，得到露天矿三维最优境界。

动态规划境界圈定方法需要逐块段进行寻优，方法复杂。

1.1.2.4　信息技术

近年来，信息管理系统在各行各业都得到了广泛的普及，也是推广最快的技术，矿山企业的信息管理主要包括办公自动化系统和 MIS 系统两方面。过去都是局域网服务器-客户形式，现在大多采用基于 Web 的网站形式[34]。

信息管理主要采用数据库和网络技术，对办公自动化以及财务、人事、设备、备品备件及耗材、能源管理、综合统计、成本核算等进行计算机信息管理[35~38]，技术成熟，建设也非常迅速，主要包括：

（1）办公自动化。办公自动化是指在办公区域通过局域网实现信息发布、浏览和 Email 传输等功能，部分或全部实现无纸化、自动化办公，可降低成本，提高传达效率。

(2) 人力资源管理。对职工的个人信息档案、岗位、工作变动、工资等情况实行计算机管理。

(3) 经营管理。对全矿各部门的经营数据进行统一管理，可进行快速统计分析，为企业决策提供服务。

(4) 成本控制。实现生产成本的动态预测和控制，可及时发现问题，有利于采取措施，主要包括设备、备品备件、耗材及能源等购销存管理功能。

ERP 前些年发展迅速，其核心是资源物流计划，用于矿山称作“矿山 ERP”。ERP 的核心功能是资源物流计划，最适用于原材料种类和产品规格较多、工艺流程较复杂、原料和中间产品（部件）在各工艺间形成的物流较复杂的企业，如制造企业。而矿山企业没有主原材料（只有辅助材料）、流程简单、产品单一（原矿或精矿）。

1.1.2.5 三维可视化

三维可视化给人以直观的表象，有利于人机交互。尤其是 VR 虚拟现实技术，可通过佩戴数据头盔、数据手套等工具对虚拟环境进行控制或一些操作，对整个地层环境及局部地质构造进行多维、多视角、多分辨率显现。在矿山设计、安全环保、灾害的预测与治理等领域可发挥积极作用[39]，可提高矿山的生产管理水平和效率。

数字矿山涉及的是地上及地下 3D 空间的动态变化问题，可采用 3D 建模技术对矿山开采过程、巷道环境、车辆运行及矿体动态显示等方面进行三维模拟[40~43]。数字矿山软件（如 Surpac、MicroMine、DataMine 等）都运用了这些三维建模技术，对矿山矿体、地表及采场进行三维建模[44,45]。

1.1.2.6 空间定位技术

1998 年德兴铜矿引进了美国模块采矿系统公司的卡车自动化调度系统，采用无线通信和 GPS 技术[46]，实现了露天矿车铲计算机实时控制管理[47,48]。

A　3S 技术

3S 是全球定位系统 GPS、地理信息系统 GIS 和遥感 RS 的统称[49]。全球定位系统利用空间卫星和地面相应设施高精度地提供地面物体的三维坐标、三维速度和时间信息，以实现地面物体的定位导航，其系统构成如图 1.10 所示。

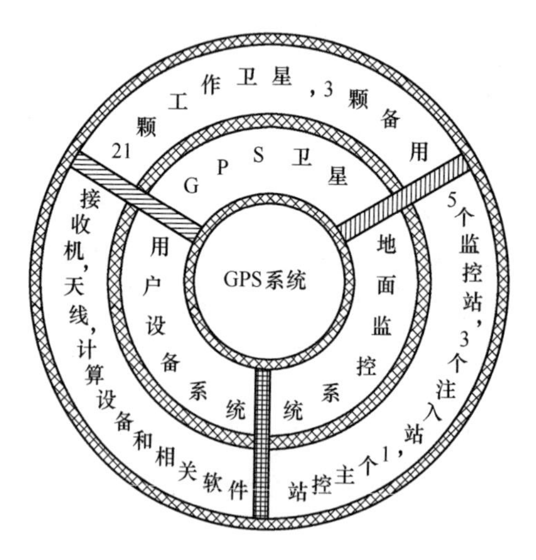

图 1.10　GPS 系统构成图

在世界采矿工业发达国家，GPS 技术在露天矿中得到了广泛应用，主要用于露天开采的设备定位、矿山灾害的监控等方面，如图 1.11所示。

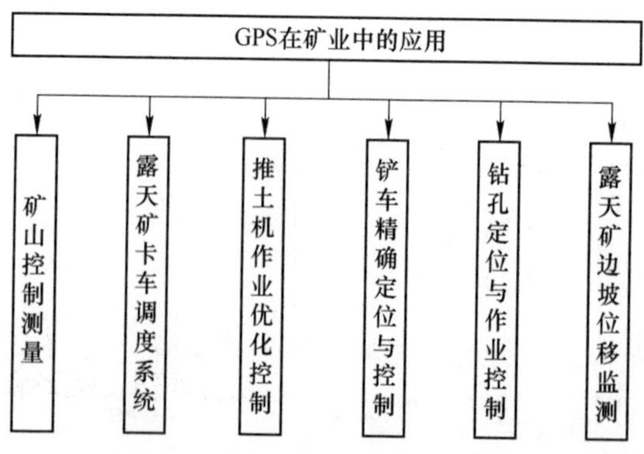

图 1.11　GPS 在矿业中的应用

地理信息系统 GIS 可对空间物体的数据进行采集、存储、建模、显示，在数字矿山建设中可发挥重要作用。

遥感 RS 是一门先进的空间探测技术，以航空摄影为基础，用于资源、环境、气象、水文等领域监测分析。

以上 3 个系统常常需要联合使用，比如获得信息采用 RS，定位导航采用 GPS，分析处理采用 GIS。

B 井下无线通讯与人员定位技术

由于 GPS 不能用于地下矿山，有人提出采用井下通信对井下进行定位。

矿山井下通信技术由传输、接收及相关软件组成，传输系统包括主机、调制器、发射机、环形天线及天线保护装置等，可以与井下工作人员和技术人员进行实时通信，可实时提供人员、设备所在的位置，用于人员、设备的调度、生产管理、安全管理，起到促进生产、保证安全、提高井下作业效率的作用[2,5]。

1.1.2.7 智能开采

随着数据通信和数据处理、遥测技术的巨大进步，遥控采矿将成为采矿未来的特点。目前要做到对采矿全面进行遥控还是比较困难的，只能局部遥控开采；特别是在如边坡不稳定、安全条件差、通风困难等恶劣条件下，有必要对矿山开采设备如电铲、汽车、穿孔机、装药车等进行遥控[2,47]。

国外许多公司积极地把遥控技术应用于矿山，如瑞典 LKAB 公司采用遥控采矿技术，实现在地下铁矿 1 人同时遥控 3 台铲运机作业；加拿大从 20 世纪 90 年代初开始研究遥控采矿技术，目标是实现整个采矿过程的遥控操作，实现从地面对地下矿山进行控制，加拿大政府已制订出一项拟在 2050 年实现的远景规划；1992 年芬兰提出了智能采矿方案，包括采矿实时控制、资源实时管理、设备自动控制等 28 个专题[50]。

智能化采矿设备（机器人）与现代采矿调度系统的集成就是遥控机器人采矿，也称作无人采矿。

日本已开发出了凿岩机器人、装载机器人和采煤机器人等矿山设备。

1.2 问题的提出

综上所述，近年来，随着计算机、网络、空间定位技术的发展，数字矿山研究的内容比较广泛，在各方面都取得很大的发展，比如在矿山管理方面，以企业资源计划（ERP）为核心，实现了物流、资金流、信息流集成共享的管理信息系统；在生产过程控制方面，露天矿采用卫星通信技术实现了卡车自动化调度，某些地下矿进行了井下通信的试验；在矿山设计和生产过程优化方面，个别矿山通过购买软件搭建了数字矿山，国内一些研究机构也进行了数字矿山软件的研制，在矿山地理信息化及采掘进度计划初步得到应用[24,51]，等等。

但是，通过这些年各地的数字矿山建设，我们需要反思：数字矿山到底给企业带来多少经济效益?

众所周知，矿山企业追求的是提高生产效率、降低生产成本和增加企业利润。因此，数字矿山应该立足采矿的设计和生产，只有这样才能对矿山企业的生产要素和生产过程进行控制，最终实现效益最大化。

正如王青教授所说的，只具有存储、传输和表述功能的“数字矿山”是不会给矿山企业带来多大效益的。试想，我们为矿山建立了一个较完善的地理信息系统，在屏幕上或绘制的地图上可以看到或查询到大量的信息；甚至为矿山建立了三维虚拟现实模型，在模型上就可以“驱车”遍游整个采场；我们还可以建立高精度数字监测系统，建立数据库把监测数据存储起来。这些都是很有用的，甚至是令人向往的。然而，如果我们就停留在这一步，而开采方案的设计和执行与过去没有两样，能产生多大效益、提高多少生产率是不言而喻的[17]。

尽管很多矿山进行了数字矿山的建设，数字矿山在信息管理系统、三维可视化、自动化调度等方面发展得比较好，也很成熟，但是在矿山优化设计方面还是比较薄弱，采矿优化设计的主要理论与方法在矿山生产中没有得到广泛应用。

目前数字矿山研究存在如下问题[2, 52]。

(1) 从核心技术来看，矿床模型没有大的突破。矿床模型是储量计算和采矿优化设计的基础。至今国际上数字矿山软件（如Surpac、DataMine、MicroMine等）仍然普遍使用方块矿床模型或实体矿床模型[37]，这种模型由于是基于格栅的矿床模型，在采矿优化设计储量计算中，其运行速度和计算精度直接受方块的大小影响，如果要运行速度快，就必须将加大方块尺寸，损失了精度；如果要提高精度，只有减小方块尺寸，方块数则多，运行速度就慢，即存在“以精度换速度，以速度换精度”的矛盾。

目前国际上使用的格栅矿床模型还存在以下两个问题：

1）需建3套模型。储量计算用方块模型或实体矿床模型；三维可视化用表面建模技术，品位估算模型采用地质统计学估算算法[10]。

矿床三维可视化建模过程中，目前国际上（如Surpac、DataMine、MicroMine等）采矿软件处理三维矿体边界都采用手工法连矿，没有研究上下匹配算法实现自动连矿，初始建模都是软件商帮助建的，工作量大。

至于利用钻孔数据动态修改矿床模型[24,53~54]，如果矿体形态变化了，每次都需要手工重新连矿，工作繁杂，这对矿床模型动态修改是不利的。

2）大量钻孔数据录入[55]是件非常困难的事。且不说很多矿山钻孔资料不全，散落各处，无法收集，即使有数据了，大量数据需要手工录入，过程太烦琐，不适合我国国情，矿山人员不容易接受，导致矿床模型一旦建设好，以后不愿再修改维护。

(2) 从软件本身来看，许多优化设计功能没有得到广泛应用。目前国内外对矿床模型的研究不足，缺乏理论突破，需要研究出一种高效的矿床模型，同时应该进一步研究新矿床模型下采矿优化设计的算法。

采矿用的矿床模型应该具有如下特点：

(1) 建模简单，自动化程度高，需要有好的算法；

(2) 精度高，运算、建模速度快；

(3) 方便采矿优化算法的实现。

1.3 研究的关键问题

针对目前国际上数字矿山软件广泛采用的格栅矿床模型存在的问题，提出建立矢量矿床模型，并运用该矢量矿床模型对采矿优化设计及三维可视化几个典型应用进行一系列基础研究，具体如下。

1.3.1 矢量矿床模型的研究

提出一种基于矢量建模的三维矢量块段矿床模型建模算法，将储量计算与三维表现合为一体，为数字矿山研究开辟新途径；同时对数字矿山的数据进行分类，并对其数据结构和存储机制进行定义，提高数据的管理和使用效率。

1.3.2 矢量矿床模型在露天矿应用的研究

（1）针对新矿床模型，对露天矿在矿山三维可视化进行研究，提出分区分治的方法，实现露天矿山地表、采场和矿床大规模复杂场景的虚拟现实快速动态建模；

（2）在矿山优化设计方面，对露天矿境界圈定和采掘进度计划编制进行研究，提出一种露天矿境界圈定三维聚合锥方法；

（3）根据我国国情，采用人机交互辅助设计方法编制露天矿采掘进度计划。

数字矿山优化设计离不开矿岩量计算，一个开采区域含有多种矿岩种类，要同时计算出这个区域内的多种矿岩量，一直是个难题。目前国际上广泛采用基于格栅的矿床模型，是将地下矿床划分为一个个方块，通过统计各种方块个数来统计矿岩量，其精度和运算直接受方块的尺寸限制，为了提高精度，就必须将方块划分得更小，导致方块数急剧增多，影响了运行速度；如果为了提高运行速度，就必须减少方块数，将方块尺寸加大，即“以精度换速度或以速度换精度”，速度和精度矛盾尖锐。这种矛盾直接影响数字矿山优化设计方法的效率。

矢量构模在精度和速度方面具有明显优势，然而国内外在矿床模型矢量构模技术方面研究不足。因此，有必要对矿床模型矢量建模方法进行深入研究，并依托该矢量模型，对矿山三维可视化及矿山优化设计方法典型应用进行相应的研究。

这项研究涉及拓扑学、计算机图形学、图形处理技术和采矿学等多方面的理论和技术，尽管难度较大，但是这项研究有助于提高矿床模型的效率，提高采矿优化设计方法的运行速度和计算精度，具有较高的理论和实践价值。

2 三维矢量块段矿床模型的构建

矿山通常采用地质平面图和剖面图来描述矿床分布情况，传统的做法是在图纸上描出矿岩轮廓线，并标上矿岩名称、平均品位等属性，储量计算一般采用求积仪手工计算。

计算机用于矿床地质数据处理和分析方面较早。首先用于探矿方面，如地质勘探和测井资料的数据处理与自动解释，之后进一步发展到建立矿床模型和地质数据库。将矿床地质图输入计算机，建立将整个矿床划分为一块块方块、每个方块带有坐标、矿岩量、有用矿物品位、经济指标等信息的方块矿床模型。

随着地质统计学方法的逐步推广，可以利用矿床中矿物品位分布的相关性和随机性特点，将一定范围内的钻孔数据参与统计，进行品位估计，并确定矿床边界，计算矿物储量。方块矿床模型的建立是采矿计算机处理中最有代表的成果。正是因为有了块段矿床模型，才使计算机处理采矿成为可能。

由于方块模型在矿岩边界呈锯齿形，储量计算误差较大，如果要求精度高，就必须缩小方块的几何尺寸，则运算速度慢；反之，如果要求运算速度快，只能加大尺寸，则计算精度降低。尤其是当处理像露天矿境界圈定这样的大型优化问题，计算精度和运算速度两者矛盾非常尖锐。

为了弥补方块构模处理边界的不足，将矿（岩）体边界处的大块再细分为小块，形成了现在的实体矿床模型。实体矿床模型本质上是种改良的块段构模法，只是技术上做了些改进，误差确实减少了很多，但无论怎么再细分，误差总是存在的。

目前，国际上数字矿山软件（如 Surpac、DataMine、MicroMine 等）普遍采用“实体矿床模型作为储量计算的模型，品位估算采用地质统计学算法，三维可视化采用表面建模”这种模式，实际上需建立 3 个模型。

对于矿（岩）体的三维可视化，目前国际上（如 Surpac、DataMine、MicroMine 等）数字矿山软件都是采用“手工连矿”法来建立上下分层矿（岩）体的关系，实现矿床三维表面建模，手工作业量较大，构模时间长。由于是基于格栅建模的方法，矿岩储量计算都采用扫描统计方块个数的方法实现，对于大规模矿山的优化设计的功能实现，在计算精度和运算速度方面存在弊端。因此，需要研究出一种高效的矿床模型。

和地面上的地理、建筑相比，地下矿床具有平面分布在高程上的变化是连续的、内部数据不全、内部数据采集昂贵等特点，采矿用的矿床模型主要是提供可靠的地质资料，用于地质图纸管理、剖面切割、品位估算、储量计算及三维可视化等，应该满足数字矿山的数据管理、储量计算、分析查询、可视化等功能的快速简单实现。

三维矿床模型应该综合考虑以下内容：

(1) 矿岩的几何表述及逻辑分析。矿床模型应该不仅能够表述矿岩的几何形状、空间位置，还应该能够方便矿岩的储量计算。

(2) 矿床模型的精度。三维矿床模型必须满足采矿优化设计应用的表达和分析精度，这点直接影响到模型的可用性，因此是非常重要的。

(3) 构模方法的难易性。由于地下矿岩数据采集比较昂贵，因此，采用简单的构模方法可显著增强模型的实用性，要求能够全自动或较少人工干预的半自动构模；另外要求能够较多地应用矿山已有的各种数据。我国矿山钻孔数据不完善，数据较少，不能沿用国外利用钻孔建模的方法，应该充分利用矿山地质图等已有的数据，只有这样才能使矿床模型更加实用。

(4) 构模速度。由于矿床勘测数据的不确定性，地下矿岩数据必须不断补充和完善，这就要求重新建模或动态重新建模[56]，因此，构模速度关系到模型的适用程度，要求具有快速重构、更新快的特点，力求简单、自动化。

(5) 查询分析的难易性。矿床模型是为矿山应用服务，必须满足采矿优化设计功能的实现。要求运算速度快、计算精度高，方便采矿优化算法的使用。

三维矢量块段矿床模型构模方法的基本思想，是将矿（岩）体通过各水平分层切割成一段段的三维棱柱体，也称作块段。这些棱柱体层叠在一起就是原矿（岩）体，每段三维棱柱体在其所在水平分层上的形状，即为原分层平面图的矿（岩）界线，可用一条闭合多边形来描述，如图2.1所示。存储时只需保存各水平分层的闭合多边形，并记录矿（岩）体编号和水平标高，通过算法即可复原矿体形态，很容易进行表面三角化实现三维可视化。由于矿床模型采用矿（岩）体形态的矢量结构，储量计算、矿（岩）体任意剖切等都转化成计算几何问题。这种模型与原有地质图资料完全一致，在不考虑地质图误差的情况下，矢量模型是一种无损模型，计算精度高、运算速度快、存储空间小。

三维矢量块段矿床模型将储量计算与三维可视化融为一体，由于是矢量模型，矢量算法比格栅算法复杂。

矿山地质图中的矿岩界线是通过一根根不闭合的线条来表示，三维矢量块段矿床模型的建模难点[57,58]在于：（1）从一根根不闭合的线条中自动提取代表各个矿（岩）体的封闭多边形线；（2）代表各个矿（岩）体上下分层封闭多边形的对应关系；（3）矿石性质如品位、可选性等如何标识。

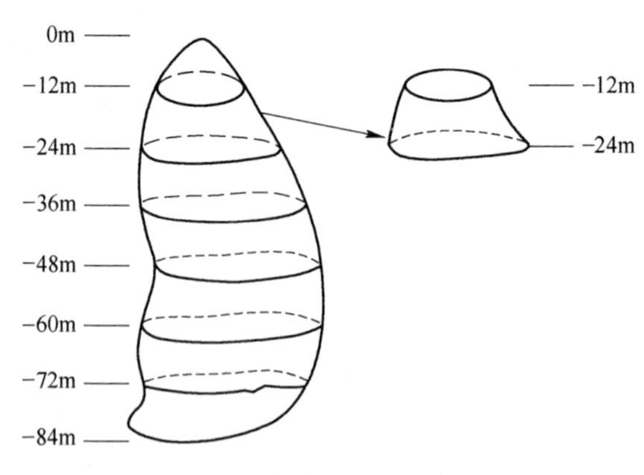

图2.1　三维矢量块段矿床模型

从一堆线条中自动提取封闭多边形的问题，属于图形学方面的问题，在图形学和拓扑学中都是难点。笔者提出采用多叉树的方式建立矿（岩）体边界线的拓扑网络结构，再通过树的遍历寻找封闭线的迭代算法，实现各水平矿（岩）体闭合界线的提取；并提出一种上下相邻分层闭合多边形的关系对应算法，实现代表各个矿（岩）体上下分层封闭多边形的关系对应；同理，将矿石如品位、可选性等质量性质划分一个个区域，通过闭合多边形提取算法为矿石如品位、可选性等质量性质建模。

因此，三维矢量块段矿床模型可分为矿床形态模型和矿床质量模型两部分，其中形态模型用于计算矿岩量，质量模型主要用在配矿或其他与矿石质量有关的采矿优化。

2.1 三维块段矿床形态模型

矿岩界线在CAD平面图中表现为一根根彼此相交的线条，现在需要从这些一根根不闭合的线条中自动提取代表各个矿（岩）体的闭合多边形线，实现代表各个矿（岩）体的相邻分层闭合多边形的关系对应，并研究矿床矿岩储量计算、剖面切割及矿床形态模型的存储机制。

首先必须对矿山图纸的数字化及图形数据处理进行研究，对数字矿山的数据结构进行定义，统一数据结构，便于建模算法的实施。

2.1.1 矿山图纸处理

矿山的数据比较复杂，有空间数据和非空间数据之分。非空间数据比较简单，采用传统数据库技术即可完成。但是，空间数据录入和处理工作量比较大，并且需要工具软件的支持，处理空间数据是数字矿山数据的核心。

矿山一般以纸质工程图纸的形式来描述矿山地质或设计、生产情况的，无论古代、现代还是将来，图纸总是重要的数据形式。

矿山空间数据都来自图纸，纸质图纸采用计算机管理都需要进行图纸数字化。

2.1.1.1 图纸数字化

矿山图纸类型很多，比如地形图、地质图、采场现状图、境界图等。

地表一般采用等高线图，由一根根互不相连的线组成，文字表示线的标高，如图 2. 2 所示。

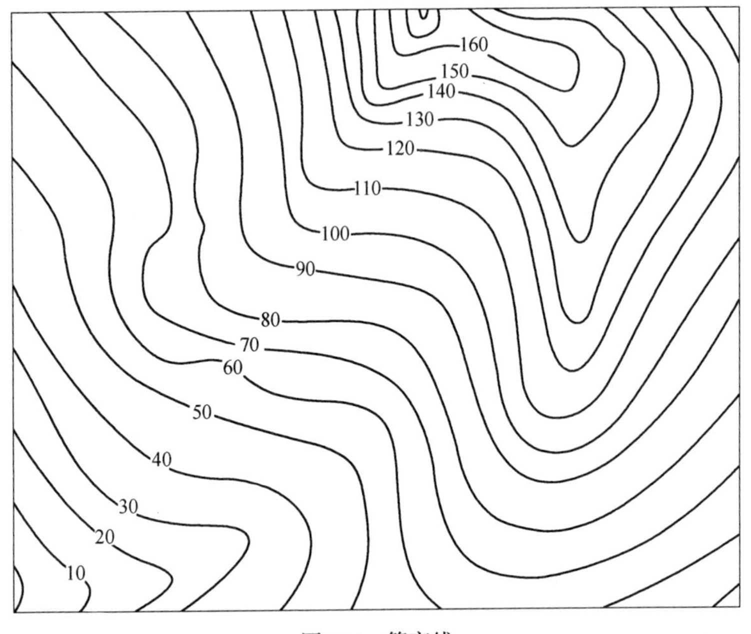

图 2. 2 等高线

矿山地质图一般包括水平图和剖面图，地质图这些线彼此相交，构成一个个区域，每个区域代表一种矿岩品种，区域中间采用文本标识矿岩名称，如图 2. 3 所示。

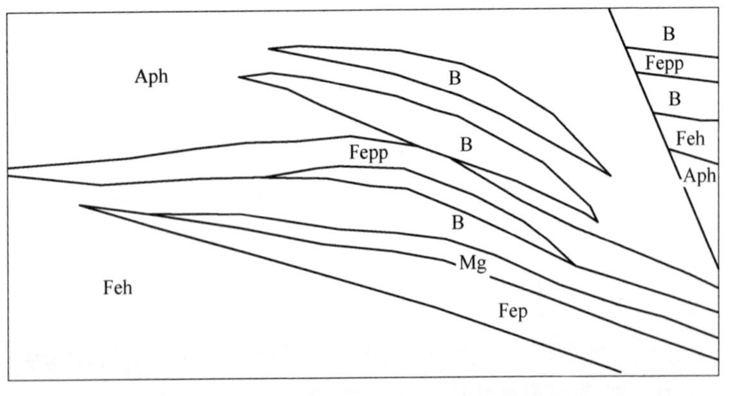

图 2. 3 矿山地质水平图矿岩边界线表达方式

露天采场现状图如图 2.4 所示，采场由台阶、斜坡道等组成；台阶由坡顶线、坡底线组成，文字表示坡线标高等信息。

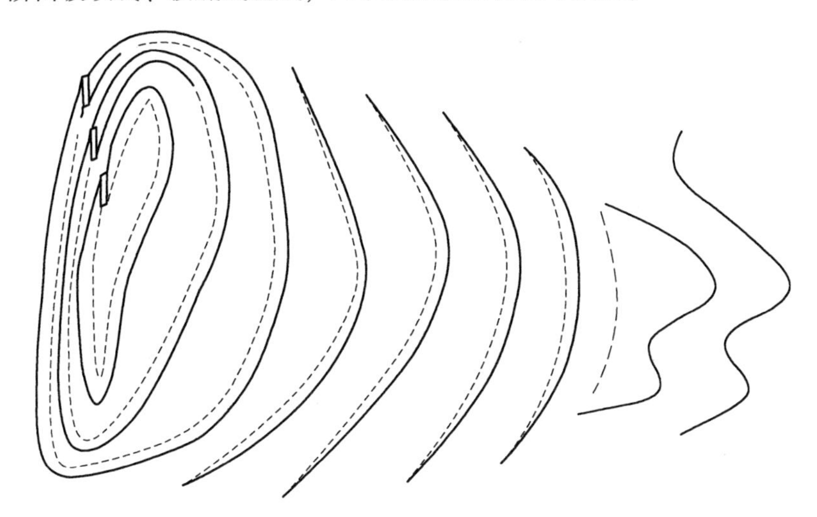

图 2.4 露天采场现状图示意图

可以看出，图纸一般由点、线组成，以往常采用数字化仪输入，现代高精度的扫描、测绘工具[59]为图纸数字化提供了新的高效手段，图纸数字化主要有采用扫描法、拍照法和数字化仪、全站仪采集等几种方式。扫描矢量法处理过程如图 2.5 所示。矿（岩）边界线数字化后以 AutoCAD 的形式保存。

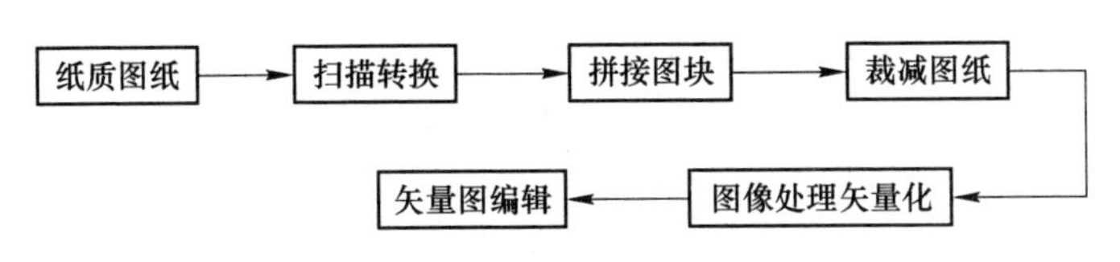

图 2.5 扫描矢量法处理的过程

2.1.1.2 图形数据简化

由于图纸数字化采样精度高，所得电子图纸复杂程度太高，线上点太密集，数据存在大量冗余，增加了数据处理量，因此需要降低这些图纸的复杂程度，减少图形线条和点的处理数量，提高建模和运算速度，同时也为三维可视化实时快速的生成提供条件；另外，由于数字化方法不同，得到的线局部会出现变形和颤动等情况，称为噪声，采用对线进行离散曲线演化的算法，可降低或消除这些变形，保留线的重要特征，起到简化线条的作用。数字化的图纸都需要经过曲线的离散演化[60,61]。

离散曲线的演化在图形学中一直是个难点，许多专家对线的离散演化进行了研究，本书采取相关度方法，找出相关度的最小点，并依次删除最小点对曲线进行演化[62,63]。

设 A 为一条数字化图纸中的线，实际上，这条线是由多点输入形成一条条短线段来表示的，假设 $P_1 \sim P_m$ 为 A 上的点，$f_1 \sim f_m$ 为 A 上的线段。通过迭代计算，求出相关度，找到相关度最小点 P_i，再删除 P_i 点，加入一根线段将 P_{i-1} 和 P_{i+1} 连接起来，删除与 P_i 相连的原两段相邻线段 f_i 和 f_{i+1}，如图 2. 6 所示。

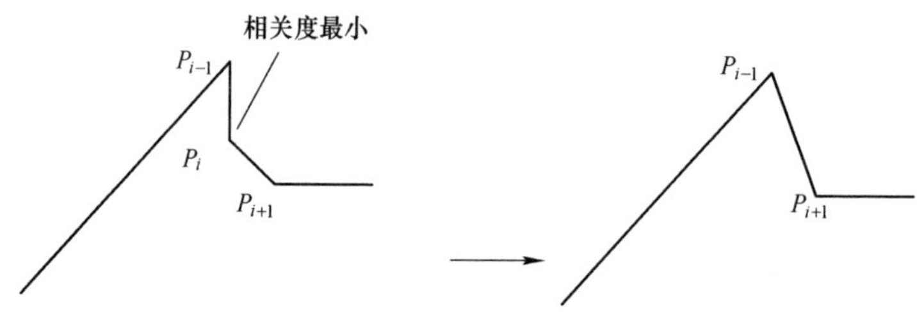

图 2. 6　离散曲线演化示意图

计算曲线上点的相关度 η_i 方法[64]为：

$$\eta_i = \beta_i \, l_i / C \tag{2.1}$$

式中，β_i 为相邻两线段 f_i 和 f_{i+1} 的夹角，逆时针定义为正；l_i 为线段 f_i 的长；C 为曲线的总长；l_i/C 实际是线段 f_i 占曲线总长的比例，称作归一距离。

一次迭代可去掉曲线的一个点 P_i，直到简化后的曲线形状与原来曲线形状的相似度 λ 超过一定值 T。

采取相似度 d 算法进行两条曲线相似度的评判，如图 2. 7 所示正切空间中，选取曲线上一点作基点 P_1，x 轴为 P_1 沿着曲线的周边到曲线上各点归一距离的累加，y 轴为 P_1 沿着曲线的周边到各点的转角的累加。

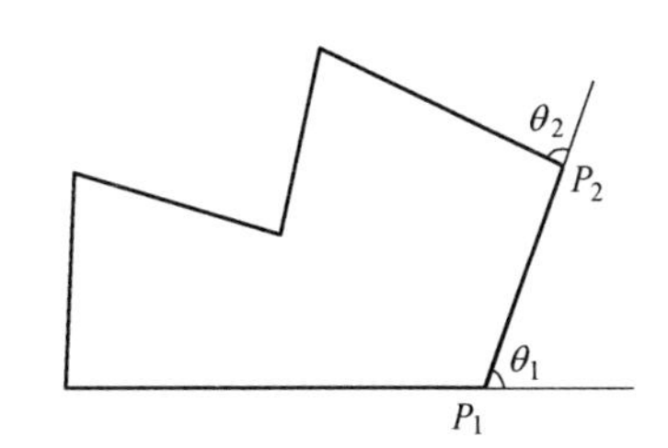

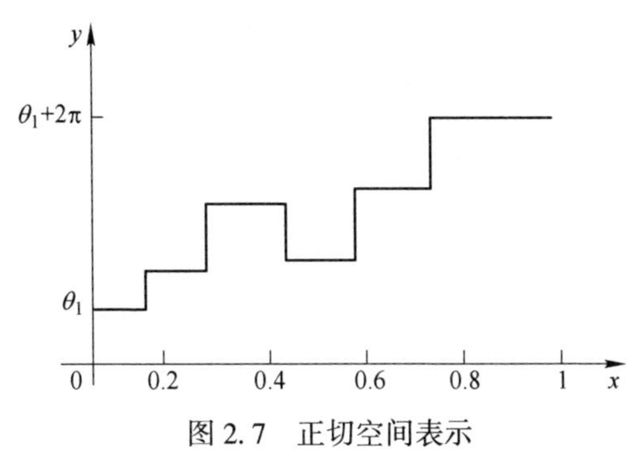

图 2.7 正切空间表示

P_1点转角为 y_1，则 P_i点处转角为 y_i。有关系式：

$$y_{m+1} = y_1 + 2\pi \tag{2.2}$$

假设需要评判 A 和 B 两条曲线的相似度，用正切空间表示，其表达式分别为 $y_A(x)$ 和 $y_B(x)$，则其相似度 $d(A, B)$ 可定义为：

$$\mathrm{d}(A, B) = \left|\int_0^1 y_A(x)\,\mathrm{d}x\right| - \left|\int_0^1 y_B(x)\,\mathrm{d}x\right| \tag{2.3}$$

通过计算两条曲线之间的相似度来评判它们的相似性，如果 $d(A, B)$ 越小，则 A 和 B 越相似。给定一个临界值 T，用 $d(A, B)$ 超过 T 值作为曲线简化迭代计算的结束条件。

图 2.8 所示为某矿体界线图形曲线演化的验证实例。可以看出，通过曲线简化，去掉了一些噪声点和一些无关的线段，简化的图形保持了原来图形的基本特征，本算法经过上百个图形的验证。

2.1.1.3 数字矿山坐标系

数字矿山图纸采用 AutoCAD 格式，为平面直角坐标系。由于数字矿山经常需要从 AutoCAD 调入新图纸，因此数字矿山原始图形数据的

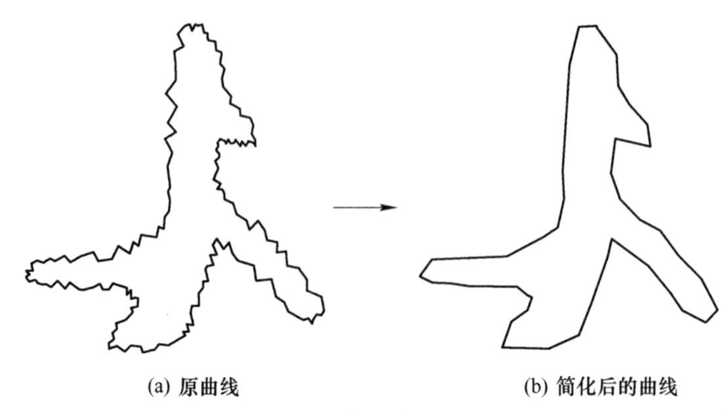

图 2.8　某矿体轮廓的曲线演化

坐标系保持与 AutoCAD 一致。但在屏幕上显示时，出于视觉处理的需要[65]，需要对坐标系进行平移和旋转，因此，存在两套坐标系。

A　坐标系平移

如图 2.9 所示，坐标系 XOY 与坐标系 $X'O'Y'$ 坐标轴平行，方向相同，只是原点不同，通过简单的平移即可找到两坐标系的关系。设 P 点在坐标系 XOY 和 $X'O'Y'$ 中的坐标分别为 (x, y) 和 (x', y')，a 和 b 分别为原点 O' 点相对于原点 O 的偏移量，则 P 点经过坐标系平移两者坐标关系式为：

$$
\begin{aligned}
x &= x' + a \\
y &= y' + b
\end{aligned}
\tag{2.4}
$$

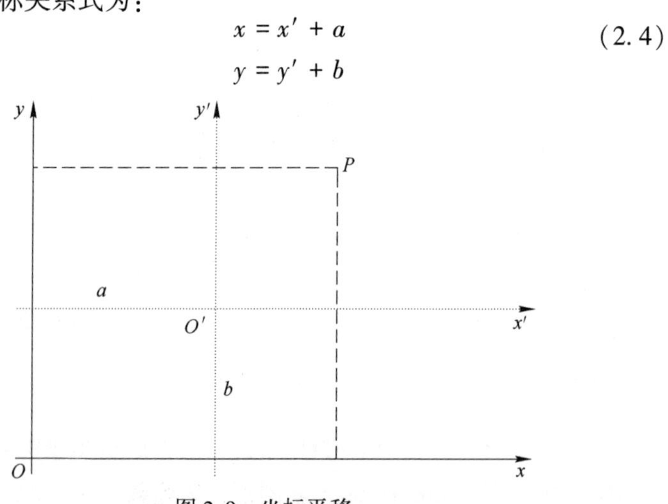

图 2.9　坐标平移

B 坐标系旋转

如图2.10所示，如坐标系 XOY 与坐标系 $X'O'Y'$ 的原点相同，但两坐标轴旋转了一个 θ 角，同样，设 P 点在坐标系 XOY 和 $X'O'Y'$ 中的坐标分别为（x，y）和（x'，y'），则 P 点经过坐标系旋转两者坐标关系式为：

$$x = x'\cos\theta - y'\sin\theta \tag{2.5}$$
$$y = y'\cos\theta + x'\sin\theta$$

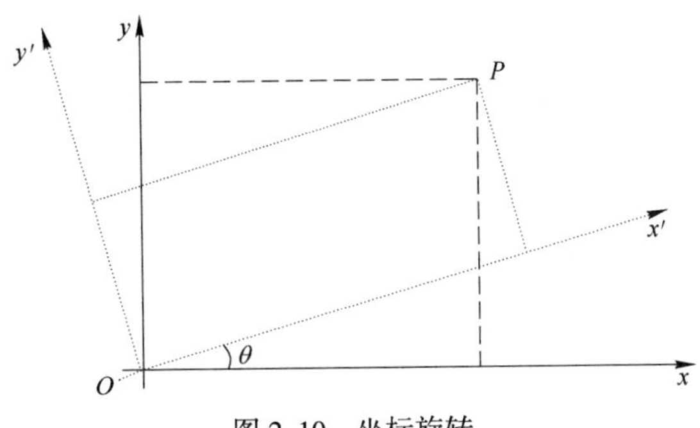

图2.10 坐标旋转

C 坐标系平移和旋转

如图2.11所示，如果坐标系既有平移，又有旋转，可以先平移后旋转或者先旋转后平移即可，这里不再叙述。

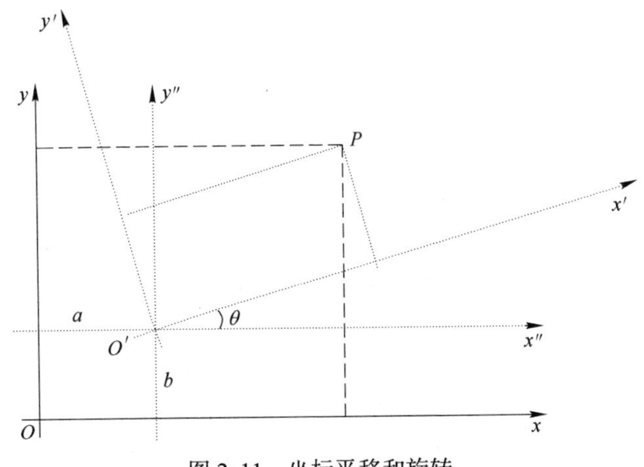

图2.11 坐标平移和旋转

2.1.2　数字矿山数据结构

数字矿山空间数据的结构是指适合于计算机系统存储、管理和处理的矿山实体空间排列方式和相互关系的抽象描述。数据结构是对数据的一种理解和解释。

对于数字矿山的空间数据，如果不说明其数据结构，是毫无用处的，不仅计算机处理不了，人也无法理解。同一组数据，数据结构不同，其结果可能完全不同，数字矿山的数据结构是对矿山空间数据组织和关系的解释。

矿山空间数据结构也分为矢量和栅格两类结构[66]，矢量结构是一种最常见的数据结构，采用记录矿山实体的点、线、多边形等的坐标值来表示矿山实体，精度只受图形数字化设备的精度和数据字长的限制，其查询效率和计算精度比栅格结构要高得多得多，而且可以无级缩放。但在图形运算的算法方面，栅格结构只是采用扫描数点，方法简单，而矢量结构的算法要复杂得多。

对于点实体，矢量结构只记录其坐标和属性；对于线实体，数字化后的曲线都是采用一系列前后相连的离散直线段来表示，因此曲线必须用这些小线段序列进行表示，矢量结构只是按顺序记录这些小线段的端点坐标，用坐标序列来记录这条曲线，相邻两坐标之间认为是一根直线段；在矢量结构中，闭合多边形是指一条首尾重合的曲线，代表矿山一个闭合的边界区域，因此，数字矿山区域实体的边界线也可采用线实体的方法进行描述，用坐标序列来记录这个闭合区域。

在数据结构中，链、树结构是最简单的两种形式，因此要描述数字矿山空间数据矢量结构，也可以用链、树等方式。

采用链和树来描述矿山实体，用单向链表描述简单形体，如曲线或闭合多边形，用多叉树描述复杂形体，如数字化图纸线线交错的地质界线图，将组成地质图的一条条杂乱线条有序地组织起来。

2.1.2.1　链

链，也叫链表，是一种重要的数据结构，操作灵活，可根据需要灵活开辟内存单元，随机进行存储的动态分配，实现数据的增删改操作。链中每个元素称为节点，每个节点由用户的数据和下一个节点地址两个部分组成。用指针描述，链第一个节点是头指针，第一个节点再指向第二个节点……，直到最后一个节点，最后一个节点称为表尾，由于表尾不再指向其他节点，设指针为空，链表到此结束。

链分单向、双向和循环链。双向链和循环链运算复杂，不采用。

单向链只有从前到后的一个方向，顺序输入的一组数构造为一个单向链，如图 2.12 所示，单向链表的插入、删除操作如图 2.13 所示。

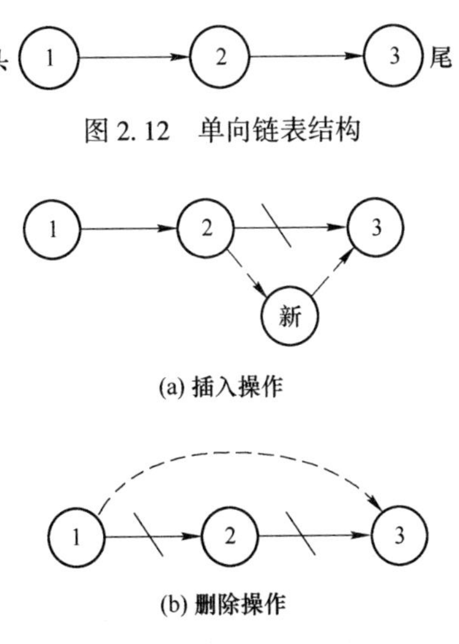

图 2.12 单向链表结构

图 2.13 插入、删除操作

链的遍历是指依次访问树中每个节点，且仅访问一次。

2.1.2.2 树及其遍历算法

树是数字矿山空间数据的另一种重要的数据结构，树的遍历在数字矿山算法中也是非常重要的[67~69]。按访问节点的先后次序，树的遍历有前序、中序和后序三种方式，可以将节点按先后次序排列起来，顺序地遍历访问树中所有节点。如对图 2.14 中的树的前序遍历、中序遍历和后序遍历的遍历列表分为：前序列表 ABEFIJCDGH（图 2.15）、中序列表 EBIFJACGDH、后序列表 EIJFBCGHDA。

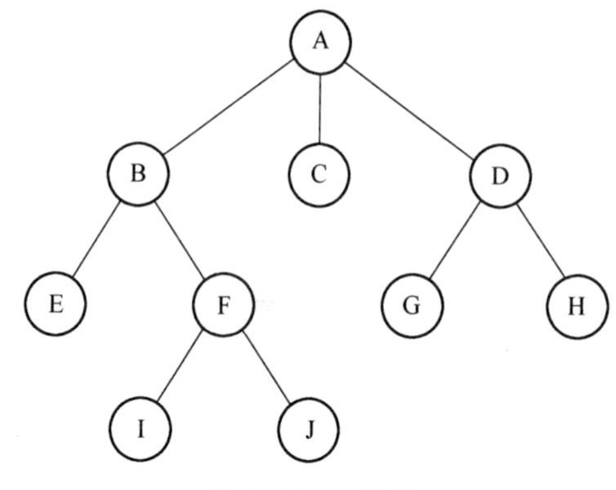

图 2.14 一棵树

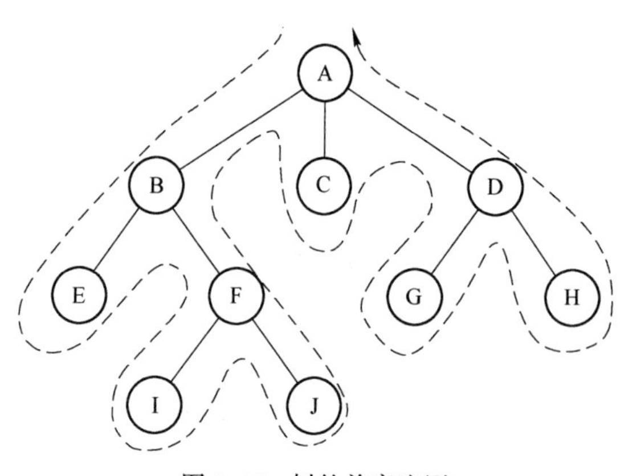

图 2.15 树的前序遍历

按分支的多少，树可分二叉树、三叉树和多叉树，矿山图纸中矿岩界线纵横交错，十分复杂，二叉树、三叉树都不足以表现[70,71]，矿床模型构建算法中大量采用了多叉树及其遍历算法，根据矿山图纸矿岩界线的具体拓扑关系，自动扩建构造。

2.1.3 数字矿山数据存储

计算机存储数据可以采用文件和关系数据库两种方式，文件方式是将数据存放在一个或者多个文件中，其存储操作比较灵活，可任意定义文件的格式，对于非结构化、不定长的数据记录时也十分方便。

而关系数据库提供了 SQL 检索功能，还支持网络多用户协同访问，方便大数据的共享，数据库不论是理论还是工具都十分成熟。相比之下，文件管理的缺点非常明显，数据的查询、检索、更新等操作效率低，极不方便。因此，目前大规模的数据存储主要采用数据库来管理，只有少量数据进行转入和转出或交换数据才采用文件方式[71]，通常用于监控设备的数据采集。

数字矿山的数据库与其他系统数据库最大的区别就是数据具有空间分布的性质。不仅数据本身具有空间属性，整个数字矿山的分析和应用也与拓扑空间有直接关联。所以空间数据库对数字矿山的数据结构、数据库的设计以及采矿应用的算法有很大影响。如果处理不好，数据变得混乱而难于控制[72]。

数字矿山空间数据主要来自图纸，除了点、线外，数字矿山三维可视化时还涉及面。因此，数据库设计应围绕这三类数据的存储来设计[73]。空间数据的数据库设计如下述。

2.1.3.1 点实体类

点是空间上不能再分的矿山实体，可以是具体的也可以是抽象的。如地物点、特性文本点或地质图中标识的矿体名称点、品位分区图中表示的平均品位值的文字点等。点的数据存储比较简单，只要能将点实体的空间位置和属性记录完全就可以，不仅仅有 x、y、z 坐标，通常还有属性值，其数据库表的结构见表 2.1。

表 2.1 点实体类表的结构

字段名	点序号 *p*№.	x	y	z	属性值 txt
数据类型	int	float	float	float	text/float

代码：

```
Global
pNo as integer; x as double; y as double; z as double; txt as text;
As ptpoint
```

2.1.3.2 线实体类

线实体主要用来表示线状实体（如等高线、公路、采场工作线等），由一串点组成，连接起来成为链状结构，因此，其数据库设计采用链表结构，见表 2.2。

表 2.2 线实体类表的结构

字段名	线号 *l*No.	点序 *p*No.	*x*	*y*	*z*
数据类型	int	int	float	float	float

当然有些线还具有属性，可以直接存储于线表中，在表 2.2 加一个“属性值”字段即可，当然也可单独建立一个数据库表来存储，由“线号”标识码查找，作为关联字段，通过关联字段与线表关联。

代码：

```
Global
lNo as integer; pNo as integer; x as double; y as double; z as double;
As lpoint
```

2.1.3.3 多边形类

多边形是一类描述矿山信息的重要数据，区域一般采用多边形表示，如范围、矿岩边界线等，一般还具有某种属性。

多边形需要记录位置和属性，由于多边形常与别的点、线存在关联，例如矿体边界多边形与矿体中的点实体文字就有关系，在其内的点表示该多边形属于这种属性，因此，需要表达多边形的拓扑结构。

由于要表达的内容十分丰富，基于多边形的算法比较复杂，因此多边形的数据结构也比较复杂，需要全局考虑。

单纯记录多边形点序信息，其数据库表与线实体可以相同，首尾两点坐标相同表示封闭，见表 2.3。

上面只介绍了这三类实体的数据表的设计方法，数字矿山空间数据的数据库表都可以参照以上三类进行设计，根据需要适当增加字段和表间的关联。

表 2.3 多边形类表的结构

字段名	线号	点序	x	y	z
数据类型	int	int	float	float	float

2.1.4 不规则块段矿床模型核心算法

地质图数字化后，都以一根根相交的线段表示矿岩边界，多条线段围成的一个闭合区域代表一种矿或岩，矿（岩）体边界线最终需要由闭合多边形来表现。

因此，不规则块段矿床模型的核心就是需要在一根根彼此相交的线段中自动提取代表矿（岩）边界线的闭合多边形[74,75]，其算法在图形学和拓扑学中也是难点[76,77]，目前未见有这方面的论述。

2.1.4.1 提取闭合多边形算法

采用多叉树的方式建立矿岩轮廓拓扑网络结构，再通过树的遍历，提取各水平矿（岩）体封闭多边形，图 2.16（a）所示为一地质平面图，由 5 根线条围成 Fepp、Feh、Feh2 三种矿体，另外外围有一个岩体 B，线条交点 1~6。任选一个交点作树根；图 2.16（b）中是以 1 作树根，依次找每根线生成多叉树，在每增加一个节点时与已有

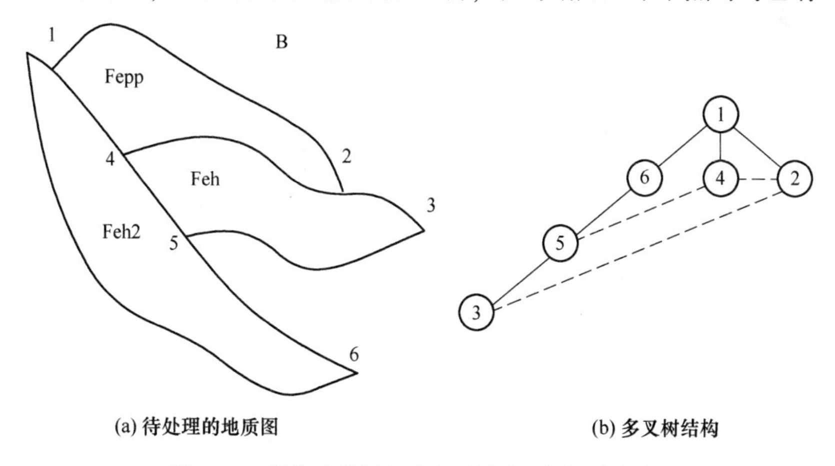

(a) 待处理的地质图 (b) 多叉树结构

图 2.16 提取矿岩闭合多边形的多叉树构建方法

节点进行比较，如果相同，即为一个封闭圈，该封闭圈即为一个闭合多边形，如此循环，直到所有节点添加完毕，图 2.16（b）中可以得到 1241、14561、24532 三个闭合多边形，代表 3 个矿体，还有一个最大外圈 123561，用图的边框减去这个外圈 123561，实际对应于岩体 B。

多叉树提取矿岩闭合多边形算法如图 2.17 所示。

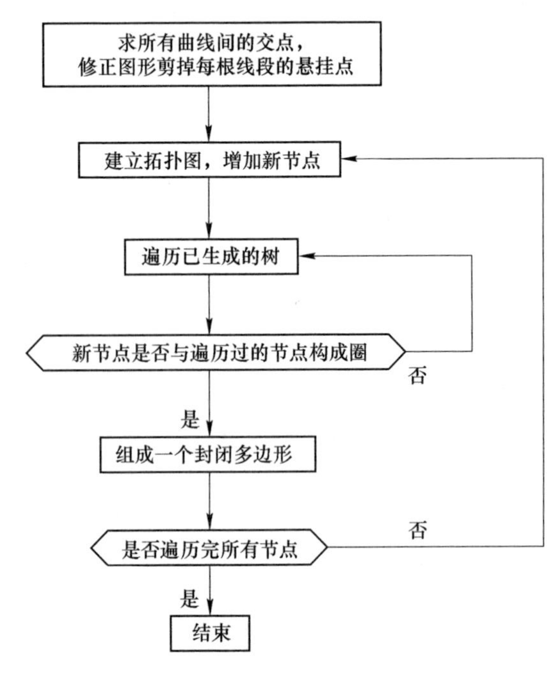

图 2.17　分层封闭多边形的提取流程图

下面简单介绍多叉树提取矿岩闭合多边形算法中有关的一些几何算法[78]。

A　两条线段求交点算法

两条线段求交点是数字矿山处理线与线关系的一个最基本算法，经常用到。

平面上两条线段的关系可以有三类：部分重合、相交、不相交。数字矿山矿（岩）体边界线在输入无误的情况下，可以不考虑重合问题。不相交有重合和远离两种。

设两线段 $L_1(p_1-p_2)$ 和 $L_2(p_3-p_4)$，端点坐标为 $p_1(x_1, y_1)$，$p_2(x_2, y_2)$，$p_3(x_3, y_3)$，$p_4(x_4, y_4)$，可以构造向量：

$$\boldsymbol{v}_1(x_2 - x_1, y_2 - y_1)$$

$$\boldsymbol{v}_2(x_4 - x_3, y_4 - y_3)$$

如果$\boldsymbol{v}_1$与$\boldsymbol{v}_2$的外积$\boldsymbol{v}_1 \times \boldsymbol{v}_2 = 0$，可以判断两线段为平行；否则，继续判断两线段是否相交。首先排除不相交，不相交的情形有多种情况，采用快速排斥的方法，分别以两条线段为对角线作出两个矩形。如果两者没有重叠部分，则不相交。

再检验跨立情况，因为如果两线段相交，一定相互跨立，即线 L_1 的两端点 p_1 和 p_2 分别在另一条线 L_2 的两侧，且线 L_2 的两端点 p_3 和 p_4 分别在线 L_1 的两侧，也可以直接求外积进行检验。设新向量 $s_1(p_3, p_1)$，$s_2(p_3, p_2)$，如果 $s_1 \times v_2$ 与 $s_2 \times v_2$ 异号，则表示 p_1 和 p_2 位于 L_2 的两侧，同理再判定 p_3 和 p_4 是否在 L_1 的两侧。

当两线段相交则求交点，采用向量法求交点：

设交点为 (x, y)，则：

$$x(y_2 - y_1) - x_1(y_2 - y_1) = y(x_2 - x_1) - y_1(x_2 - x_1)$$

$$x(y_4 - y_3) - x_3(y_4 - y_3) = y(x_4 - x_3) - y_3(x_4 - x_3)$$

得：

$$(y_2 - y_1)x + (x_1 - x_2)y = (y_2 - y_1)x_1 + (x_1 - x_2)y_1$$

$$(y_4 - y_3)x + (x_3 - x_4)y = (y_4 - y_3)x_3 + (x_3 - x_4)y_3$$

将右边常数项分别设为 b_1 和 b_2：

$$b_1 = (y_2 - y_1)x_1 + (x_1 - x_2)y_1$$

$$b_2 = (y_4 - y_3)x_3 + (x_3 - x_4)y_3$$

系数行列式为 D，用 b_1 和 b_2 替换 x 的系数得系数行列式 D_1，替换 y 的系数得系数行列式 D_2，有：

$$|D| = (x_2 - x_1)(y_4 - y_3) - (x_4 - x_3)(y_2 - y_1)$$

$$|D_1| = b_2(x_2 - x_1) - b_1(x_4 - x_3)$$

$$|D_2| = b_2(y_2 - y_1) - b_1(y_4 - y_3)$$

$$|D| = (x_2 - x_1)(y_4 - y_3) - (x_4 - x_3)(y_2 - y_1)$$

$$
\begin{aligned}
|D_1| &= b_2(x_2 - x_1) - b_1(x_4 - x_3) \\
|D_2| &= b_2(y_2 - y_1) - b_1(y_4 - y_3)
\end{aligned}
\tag{2.6}
$$

最后得到交点坐标为：

$$
\begin{aligned}
x &= |D_1| / |D| \\
y &= |D_2| / |D|
\end{aligned}
\tag{2.7}
$$

B　剪掉每根线段的悬挂点算法

由于矿岩界线是一个个封闭区域，故输入地质图时，为了确保矿岩界线线与线真正围成封闭区，一般要求线与线在交点处交叉，如图 2.18 所示。

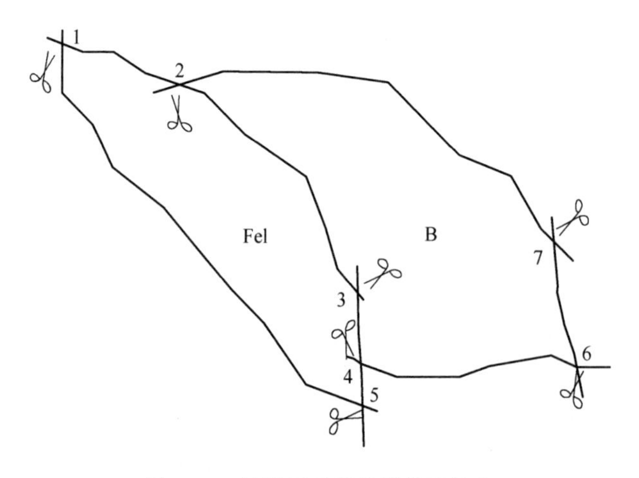

图 2.18　地质图矿岩界线的悬挂点

由图 2.18 可以看出，每条线在交点外侧存在悬挂点，在建立矿床模型时，这些悬挂点都必须删除。悬挂点剪除算法如图 2.19 所示。

2.1.4.2　矿岩界线与矿岩属性文字的匹配算法

得到矿岩界线闭合多边形后，通过多边形内点判断算法可以找到矿岩属性文字所在的矿（岩）体闭合多边形，并将该矿岩属性文字标记为该矿（岩）体闭合多边形的矿岩属性。

矿岩界线与矿岩属性文字的匹配算法框图如图 2.20 所示。

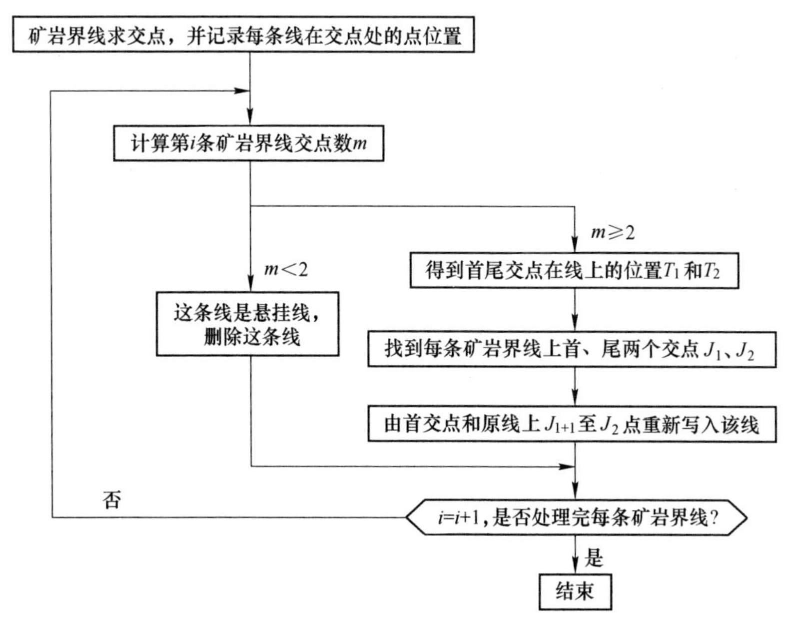

图 2.19 剪掉矿岩界线悬挂点算法框图

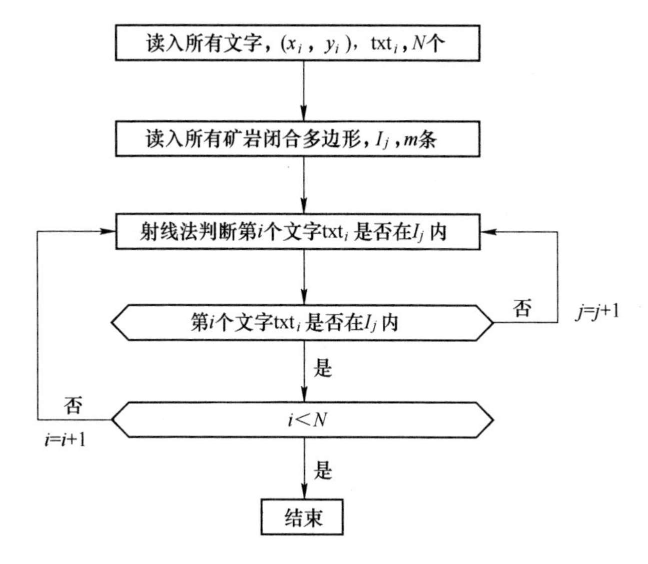

图 2.20 矿岩界线与矿岩属性文字的匹配算法框图

点在多边形内外侧判断算法：

采用射线法[79]，由于射线与多边形相交计算量很大，本书射线采用水平或垂直射线，可以减少射线与闭合多边形相交的计算复杂度，提高计算速度。

由该属性点发射一条射线，通过计算射线与多边形相交的总次数来判断点在多边形内外侧。如果是偶数次，则该点在多边形之外，如果是奇数次，则点在多边形之内。

由于多边形比较复杂，故当点的标注位置不恰当时，经常会出现射线与多边形相切的现象，如图 2. 21 所示。这时采用一条射线会得出错误判定，为了排除这些特殊情况，可以采取同时作水平和垂直射线的方式，通过两次判断，提高判断的准确性。

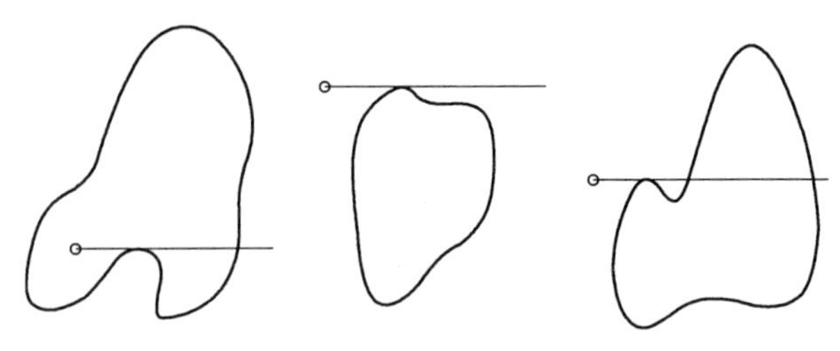

图 2. 21 射线算法的特殊情况

2. 1. 4. 3 块段的上下分层矿岩线对应关系的识别

现在需要找到上下分层闭合多边形之间的关系，将散落在各分层的平面多边形有序地连接起来，构成一个个代表矿（岩）体的三维棱柱体。

前面已经在各分层水平图中找到代表各矿（岩）体边界线的闭合多边形及其矿岩属性文字，矿床模型中，矿、岩体由一块块层叠式的三维棱柱体组成，一块三维棱柱体有顶也有底，如图 2. 22 所示。

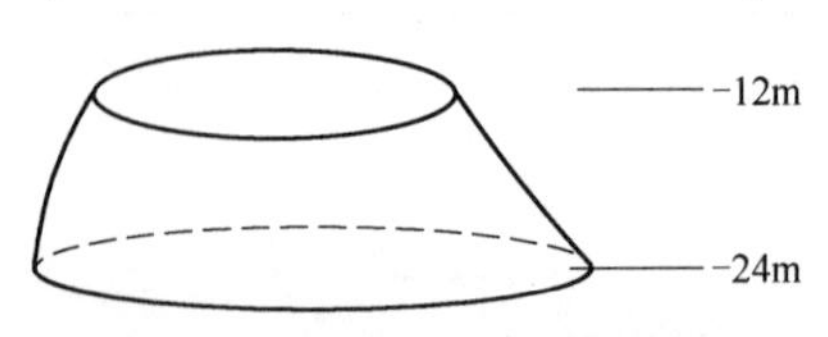

图 2. 22 层叠式的三维棱柱体

对于顶和底如何连接的问题，目前国内外数字矿山软件在这方面缺乏研究，都是通过“手工连矿”的方法进行上下连接，以构成三维表面，实现三维可视化。然而具体矿山矿（岩）体赋存比较复杂，矿（岩）体形态存在分叉、扭转、尖灭等变化，矿（岩）体边界线的点和线比较多，软件用户凭直觉连矿的工作相当繁重，耗费精力。

按通常人的思维习惯，人们都是通过物体的一些直观特征来识别物体的，通过观察物体的形状、色彩和空间关系等区分物体[80~82]。

矿体也一样，首先，矿（岩）体名称是最直接的识别特征，同种矿（岩）才可能是一体的，不同种矿（岩）不可以相连。同时，上下分层代表矿（岩）体的闭合多边形还具有渐变的特性，其空间拓扑关系、形态、面积、周长、长短轴等都可以作为识别的依据，结合剖面图，进行相似性分析，可以快速找出块段的上下分层矿岩线对应关系，如图 2.23 所示。

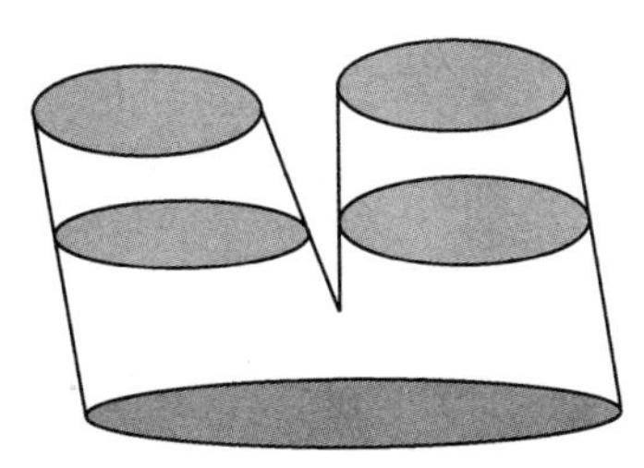

图 2.23　上下断面多边形对应关系匹配示意图

2.2　三维块段矿床质量模型

矿石品位、磁性及有害成分直接影响到选矿，对采矿计划阶段的配矿优化有直接影响，因此除了矿体形态建模外，还需要对矿体品位或特殊性质[83]（如有害成分、磁性等）的分布建立模型，称为矿床质量模型。矿体品位或特殊性质（如有害成分、磁性等）也称为质量属性。

传统矿床质量模型只有品位模型，目前国内外数字矿山软件大多采用勘探、炮孔数据，用估值方法计算建模。由于国内现场矿山勘探、炮孔数据不全，在实际矿山难以实行，另外估值方法计算的品位分布是渐变的，因此矿山不容易接受。

目前矿山描述矿石质量情况都是由地测部门提交品位或特性分布，将矿区分成一个个区域，每个区域标注矿石品位或有害成分、磁性等属性值，以此反映矿质量的变化规律。

根据这一特点，可直接采用地测部门提交品位或特性分布图纸建立矿石质量的区域分布模型，即采用分层、分区取平均值的方法构建区域分布模型，因此这种方法矿山现场容易接受，符合中国国情。

现以品位建模为例。根据矿体品位分布的特点，按分层、分区的办法将矿体品位的分布划分为一个个区，每个区均视为均质，用平均值表示品位，最后得到 AutoCAD 格式的矢量图。该矢量图中，用线条或多边形描述分区的边界，文字表示品位值。之后把这些线条分割出的区域提取为一个个封闭的多边形。算法与形态模型中闭合多边形的提取算法相同。得到各品位分布闭合多边形线后，再读取图中品位文字属性，判断各文字处于哪个闭合多边形内，使品位属性文字与提取的闭合多边形匹配。最后，保存到数据库中，完成品位属性分布建模。

其他如磁性、可选性等质量属性建模同理。

质量模型建模程序伪代码如下：

```
sub quality modeling ( )
提取闭合多边形
For i=1 to m   , m 为属性文字的个数
    射线法确定属性文字在哪个闭合多边形
    建立属性文字与闭合多边形的对应关系
    将对应关系写入数据库
Next i
endsub
```

数据库设计：

（1）品位、磁性或有害成分等质量属性闭合多边形线表见表 2.4。

表 2.4 质量属性闭合多边形线表

字段名	线号	点序	x	y	z
数据类型	int	int	float	float	float

（2）品位、磁性或有害成分等质量属性文字表见表2.5。

表2.5 质量属性文字表

字段名	点号	x	y	z	质量属性值
数据类型	int	float	float	float	float

（3）质量属性闭合多边形线表与质量属性文字表的对应表见表2.6。

表2.6 质量属性线表与文字表的对应表

字段名	轮廓线号	属性文字点号	z
数据类型	int	float	float

2.3 开采储量算法

在三维矢量块段矿床模型中，要计算某开采区域矿岩量，只需计算出圈定的开采范围与矿（岩）界线的公共面积，再通过上下两分层面积计算出体积。其算法属于计算几何的一些算法，因此计算精度高、速度快。

2.3.1 两多边形相交，求公共区域

先求出两闭合多边形的交点，如图2.24所示，有两种情况，即两个交点的简单公共区域和多个交点的复杂公共区域，简单公共区域的算法很多[84]，为了统一算法，采用内外侧判断法求得公共区域。

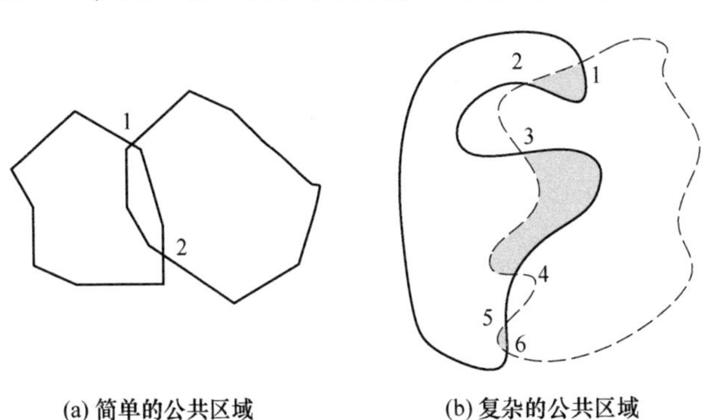

图2.24 求两多边形公共区域示意图

算法如下：

由于所有交点都同时在两闭合多边形上，用所有交点分别将两闭合多边形截成一段段的弧，并记录各弧所在的闭合多边形编号，在每段弧中间找一点，判断这点在另一闭合多边形的内侧还是外侧（点在闭合多边形的内外侧射线算法在前面已经介绍），并标记上“内侧”或“外侧”。对两多边形所有标记为“内侧”的弧进行匹配组合，对有公共交点的两段弧，组成一个闭合多边形，同时标记“用过”，下次不参加匹配组合，因为一条弧只能参加一次组合。直至所有弧都标记为“用过”为止，得到所有公共区域，其流程如图 2.25 所示。

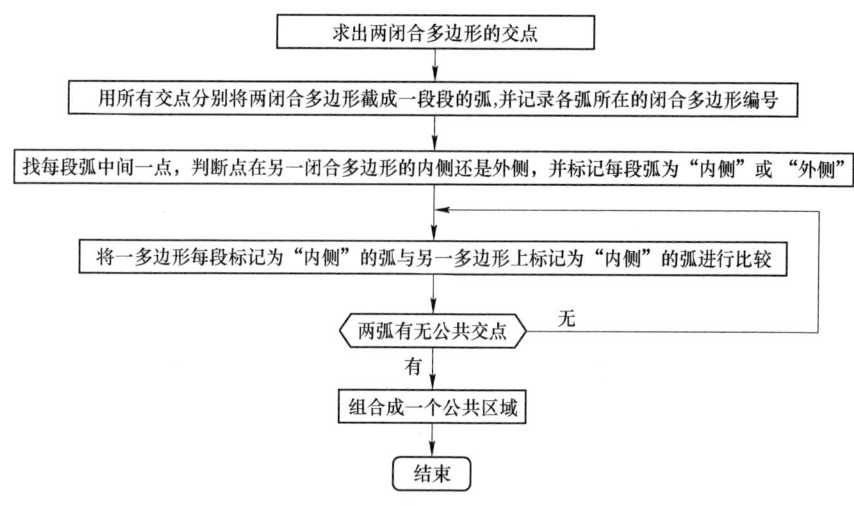

图 2.25　求两多边形公共区域框图

2.3.2　计算公共区域的面积

根据上述求得的公共区域为闭合多边形，可以直接计算其面积。设多边形由 1~n 个点组成，第 n 点与第 1 点重合，表示闭合，第 i 点坐标为（x_i，y_i），则面积为：

$$S = \sum_{i=1}^{n-1} (y_i + y_{i+1})(x_{i+1} - x_i)/2 \tag{2.8}$$

2.3.3 开采区域的体积计算

在三维上公共区域的形态也可以认为是三维棱柱体，对已经计算完棱柱体上顶和下底面积，开采区域的体积计算分以下几种情况[85]：

（1）当顶、底面积相差小于40%时采用式（2.9）计算：

$$V=\frac{(S_1+S_2)H}{2} \tag{2.9}$$

式中，S_1、S_2为矿块相对应面积；H为断面间距。

当S_1、S_2某一为0时，即矿体呈楔形尖灭时，设S为另一不为0的面积值，式（2.9）简化为式（2.10）计算：

$$V=\frac{SH}{2} \tag{2.10}$$

（2）当顶、底面积相差大于40%时，采用式（2.11）计算：

$$V=\frac{S_1+S_2+\sqrt{S_1+S_2}}{3}H \tag{2.11}$$

2.4 剖面切割算法

剖面切割没有好的算法，只能采用模拟手工方法进行[86,87]，首先找到基点坐标，生成剖面坐标网，再分别对矿岩体、地表、采场、境界进行剖切[88]。

2.4.1 剖面坐标网的生成

如图2.26所示，判断x轴、y轴与剖面线夹角的绝对值（象限角，绝对值小于90°）哪个更小，图中y轴与剖面线夹角更小，则采用该剖面线与y坐标网格相交，离剖面线起点最近的交点就是基点。这样就可以建立y-z的剖面坐标系。以基点的y坐标在剖面图的横轴方向作竖线得到基线，以基点到其他交点的距离在剖面图横轴上截得各点，以这些点作竖线，则得到剖面图的横轴上竖线网格；剖面图的纵坐标采用标高值，绘出一条条横线网格，完成剖面图的坐标网的构建。

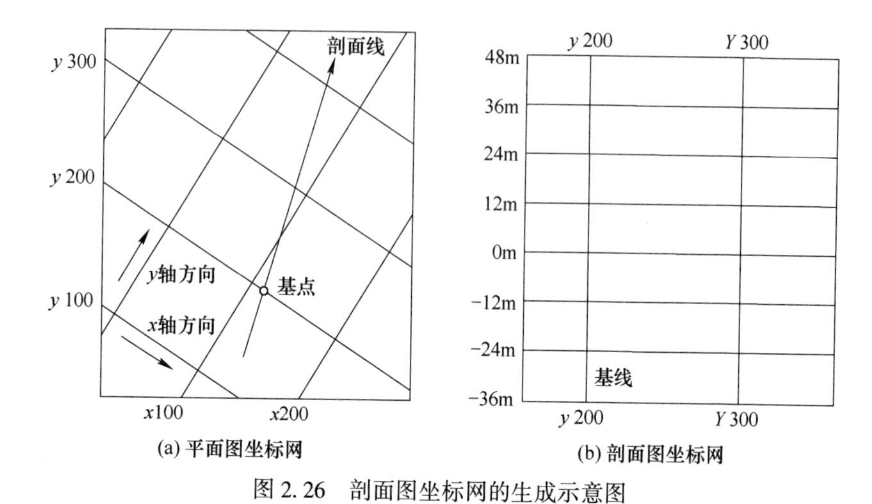

(a) 平面图坐标网　(b) 剖面图坐标网

图 2.26　剖面图坐标网的生成示意图

2.4.2　矿体剖切方法

用剖面线分别与每个矿体进行切割。调入各分层矿岩闭合多边形，求剖面线与该矿体线的交点，计算基点离交点的距离，作为剖面图上各交点离基线的横轴坐标，闭合多边形所在水平标高为纵坐标，在剖面图中绘出各交点，待每层的交点求完，以 z 轴坐标为顺序依次上下直线连接各矿岩种，即得到各矿岩的剖面图。

图 2.27 所示为矿体剖切算法程序框图，图 2.28 所示为矿体剖切算法示意图。

2.4.3　地表剖切方法

读取地形等高线，求剖面线与每条等高线的交点，计算基点与交点的距离，所有距离值由小到大排序，同时记录每个交点顺序，按该顺序在剖面坐标网中依次以距离值为横坐标、等高线高程为纵坐标画出各点，并两两直线相连，得到地形线，完成地表剖切。

图 2.29 所示为地表剖切程序框图。

2.4.4　采场现状图、境界图剖切方法

采场现状图和境界图的剖切算法一样，调入各分层现状图（或

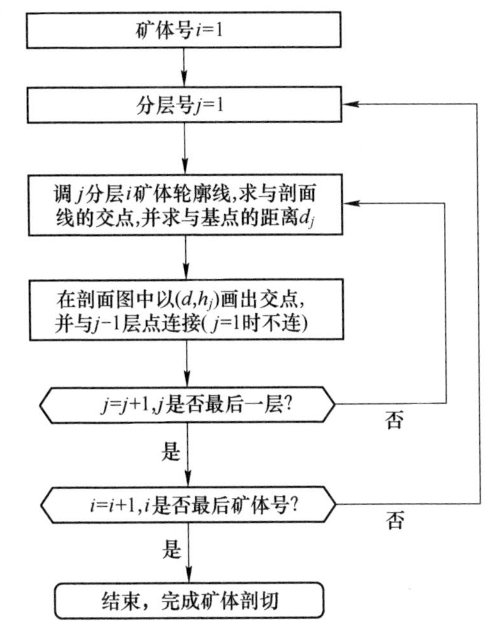

图 2.27 矿床剖切程序框图

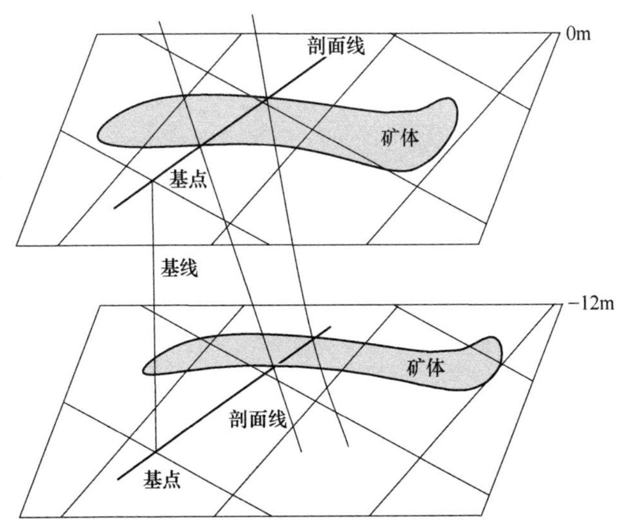

图 2.28 矿床剖面图生成算法示意图

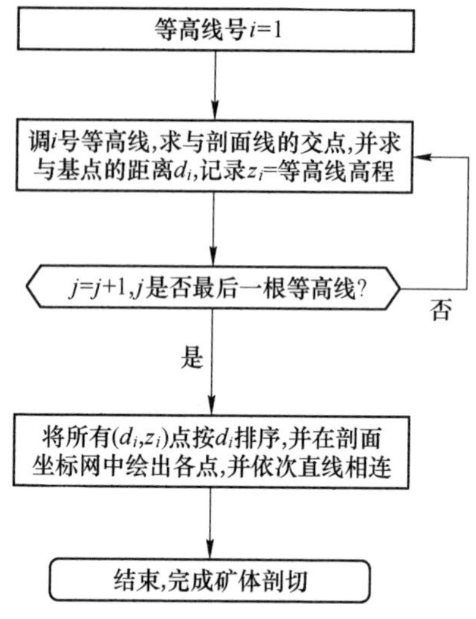

图 2.29　地表剖切程序框图

境界图），读取台阶线，与剖面线相交，求交点与基点的距离 d_i，以距离 d_i 为横坐标，台阶线高程 h_i 为纵坐标，得到各点（d_i，h_i），将所有（d_i，h_i）点按 d_i 排序，并在剖面坐标网中绘出各点，上下分层依次直线相连，即成采场现状（或境界）台阶的剖面图。

以上四部分组合在一起，完成剖面图的切割。

3　矢量矿床模型在露天矿三维可视化中的应用

矿山三维可视化是数字矿山的一项非常重要的内容，虚拟现实VR（Virtual Reality）可以有效地建立矿山虚拟环境，主要包括环境的状态模型和渲染两方面，营造一种亲临其境的感觉[89,90]。

虚拟现实是在虚拟的空间中模拟真实环境，虚拟现实对真实矿山虚拟得到底像不像取决于建模技术。

本书采用了三维虚拟现实建模方法对矿山地形、矿体和露天采场的构模进行了研究。

数字矿山虚拟环境的基本模块是造型，通过矿山环境的几何构造来定义其三维构造，再经过对材质、纹理和颜色等的设置，并给各造型定义节点，进行节点的调用实现虚拟环境造型的操作。节点有自己的命名，通过调用节点名即可操作造型，比如可以对造型放置环境中的坐标进行设置，即可将造型安置在环境中的适当位置。这样既可以将一个造型放在另一个造型之上堆砌起来，也可以将一个造型放到另一个造型的里面。

造型建模有线框建模和表面建模两种。表面建模技术应用比较广，其通过面集、海拔栅格和挤出三种方法实现。

面集方法是通过构建一个个面来建立三维环境的，要定义一个面片，先给出定义面的顶点坐标，再将顶点连接构成面片[91]。例如图3.1（a）要构造一个矩形面片，先给出矩形面的4个顶点坐标，再给出坐标索引列表（0，1，2，3），即可完成这个矩形面的构造；又如图3.1（b）是要构造一个三角形面，其坐标索引列表有几种连接方式：（1，2，3）、（2，3，1）、（3，1，2）或（3，2，1），各种连接方式视觉效果相同。

面集构造形体在现实中最典型的实例是钻石，如图3.2所示。通常面集中的面是用来创建曲线造型的，如汽车流线性车身，如果使用

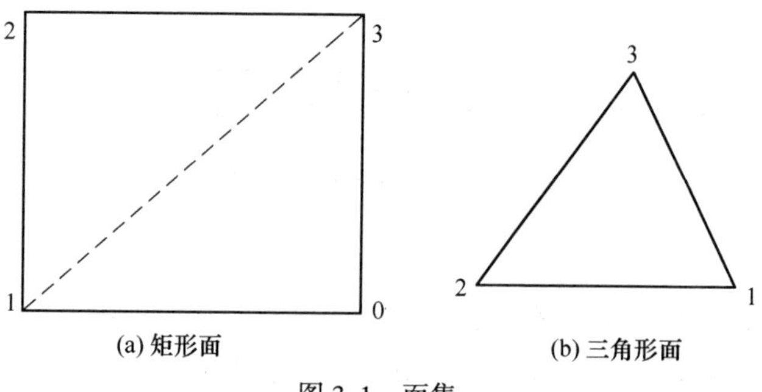

图 3.1　面集

大量微小的面，可以得到一个相当完美的造型，为了完成平滑绘制，可以在面与面的边界采用渐变的亮度，这样就可以用较少的面完成平滑绘制。

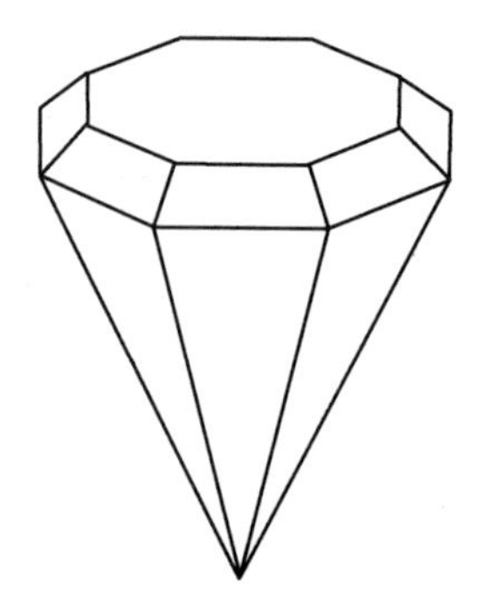

图 3.2　面集构造形体在现实中最典型的实例：钻石

使用面节点时，大多创建的是表面凹凸不平的造型。地形也可使用海拔栅格来表现，对于栅格的每一个面，x、z 坐标表明该面顶点，y 坐标值表明其顶点高度或海拔。

海拔栅格建模是将地表区域划分为格栅，再定义每个栅格点的顶点坐标及其海拔高度，将会自动形成表面，表达出凹凸不平的地表地形。图 3.3 所示为在一个区域平面上划分栅格，再选择改变每个栅格点的高度——增加高度就形成凸起的山顶，降低高度就形成凹谷。

挤出节点模仿了液体通过孔洞成形的挤出过程，节点允许为挤出造型指定一个二维轮廓或称作挤出孔，这个挤出孔沿着脊线路径拉

图 3.3 海拔栅格地表建模实例

动，从而创建出一个挤出造型，它是为大范围的普通造型建立表面造型最直接的方式。

挤出孔可以是任意形状，可以是封闭的，也可以是开放的。如图 3.4 所示，需要制作圆弧拱巷道，构造特征点组成一个巷道断面多边形。圆弧段用 45°、135° 取两个特征点，当然也可以按 30°、45°、60°、120°、135°、150°取 6 个特征点，特征点越多，圆弧段越圆滑，效果更好，但增加算法计算时间。

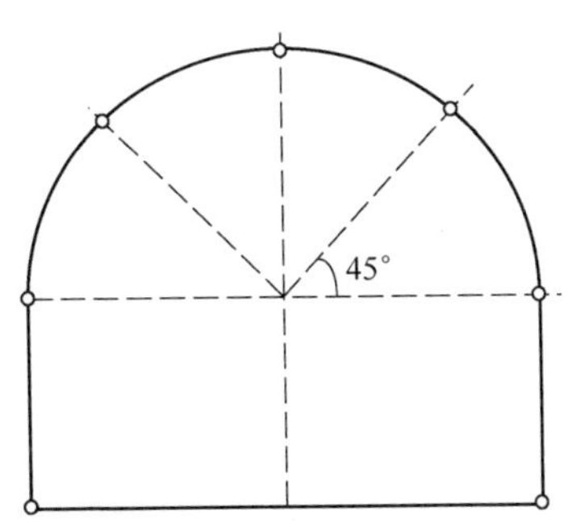

图 3.4 圆弧拱巷道断面图特征点

脊线是挤出过程的三维轨迹，与线节点一样可以用一个三维坐标列表表示，脊线可以是封闭的或开放的，通过沿三维脊线的轨迹拉动二维的挤出孔面，可以创建一个挤出造型。图 3.5 所示是一个利用圆形孔挤出的圆筒造型。

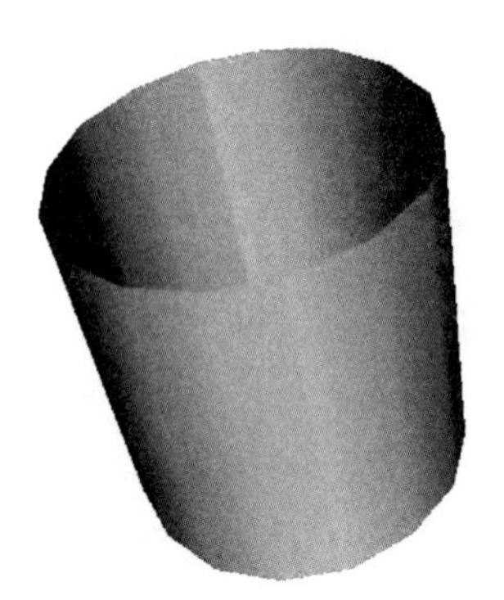

图 3.5　圆筒挤出造型

露天矿三维环境一般不采用挤出造型。

就三角网而言，面集造型实际上属于不规则三角网，海拔栅格属于规则三角网。

海拔栅格造型算法简单，容易实现，只要用方格网将区域划分为一个个格网，每个格网对应一个高程数值，在数学上用一个矩阵表示，计算机中表现为一个二维数组。其显示速度与网格分辨率成反比关系，分辨率高则显示速度慢，降低分辨率可显著提高显示速度。在对地貌特征描述方面，由于规则栅格网比较弱，分辨率降低程度非常有限。尤其是在全分辨率下，对大规模数字矿山地表建模实时性差。

而面集造型仅仅需要有限个点集构成大小、疏密各不相同的不规则网，所消耗的空间和时间更少，尤其是当地形含有断裂线、构造线等明显特征时，其造型效果更细腻，更能精确表示复杂地表的形态。但是面集造型拓扑关系和三角化算法非常复杂，其算法主要有区域生长法、逐点插入法和分治法[92~97]。区域生长法原理比较简单，也是比较容易编程的，但在生长第三点时，需要对所有点进行遍历，并进行比较才能找出最优点，耗费大量的时间；逐点插入法实现较为简单，所占内存也比较少，但在插入点时需要判断边界点和边界边关系，复杂度太大，不适合实时建模；分治法综合了其他算法优点，采用递归分割区域的方法对区域分片处理，可极大地降低复杂度，构网效率高。

另外，虽然海拔格栅用于地表建模算法比较简单，但是矿山环境不仅仅只有地表，还有采场、矿床等，在同一个环境里，不可以既有格栅又有面集造型，因此统一采用面集来构造数字矿山的虚拟环境。为了减少面的数量，在构网中尽量采用四边形来构造面集，少部分采用三角形。

3.1 数字矿山地形三维模型实时重建方法

在矿山图纸中，矿山地形都是采用等高线表示的，每根等高线有一个高程值，这样一根根等高线及其高程值就构成了整个矿山地形[98~101]。

数字矿山地表建模属于大规模复杂地形构模问题，要求实时动态生成，其复杂性和实时性互相矛盾，处理非常复杂，因此，降低造型的复杂度、减少图形处理的面集数量、实现复杂地表的实时快速生成成为研究的关键。

矿山地形图纸数字化后，等高线是一条条带有高程的复线，属于矢量数据，可用二维的链表来存储。本书采用分治处理、相邻等高线围成的闭合多边形拓扑关系，提取和闭合多边形内快速构造面片等几个算法，完成矿山大规模复杂虚拟地表模型的动态生成[102]。

3.1.1 矿山地形建模思路

矿山地形往往由上万甚至上百万个点组成，要实现地形的实时快速生成是非常困难的[102~104]。

根据矿山开采的特点，首先将模型数据划分为不变区域和变化区域进行分治处理。

随着露天矿山的生产，矿区地形可能会发生变化。由于矿山都是在圈定的露天境界内进行开采的，因此，露天境界外的部分是不变化的。根据这个特点，将露天矿山地表分成境界线以外部分和境界线以内部分分别进行处理。露天境界以外的部分可以先进行预处理，只对境界线以内的部分实时处理，这样可以显著地减少需要实时处理的数据量。

境界内的部分又可分为采坑内和采坑外两个部分，采坑内的部分由于地表已经揭露，需要将等高线删除，这样可进一步减少地形数据处理量；剩下的采坑以外境界以内的部分是用境界内的部分减去采坑部分，随着生产而变动，因此，地形模型的实时处理实际主要是对这部分进行实时处理，如图 3.6 所示。

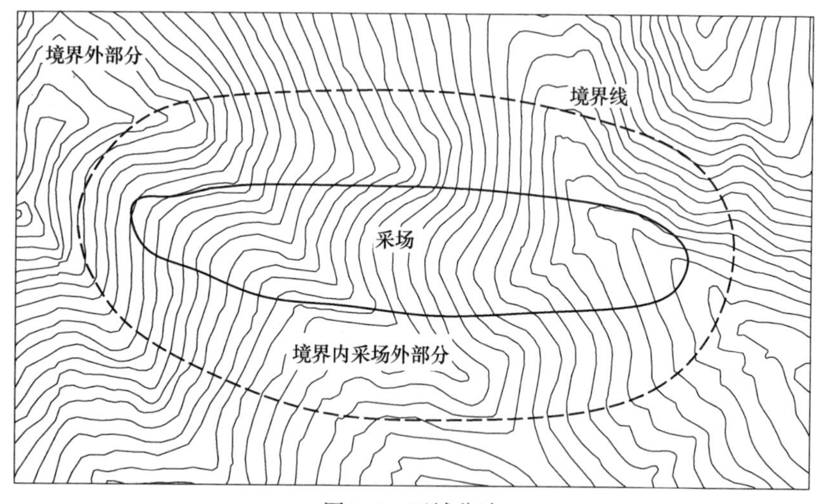

图 3.6　区域分治

3.1.2　矿山地形建模

地形构模主要是处理整个地形模型的点、线、面的关系，面片生成算法是影响实时建模的关键，应尽量使过程简单化[105]。

前面已经将整个矿山地形区域分成境界外不变区域和境界内采坑外变动区域两大部分，现在需要对这两大部分分别构造面片，也称建网，不变区域建完网永久不动，保存好其建网结果并设为节点，在显示地形时直接调用，每次实时建模时，只需对变动区域重新建模。实际上，变动部分和不变动部分两者建模算法都一样，只是处理时间不同而已。

图 3.7 所示为一具有代表性的矿山地形区域，需要进行建网。从图中可看出，该区域由一条条等高线与四周的边框组成，等高线之间形成一个个闭合区域。

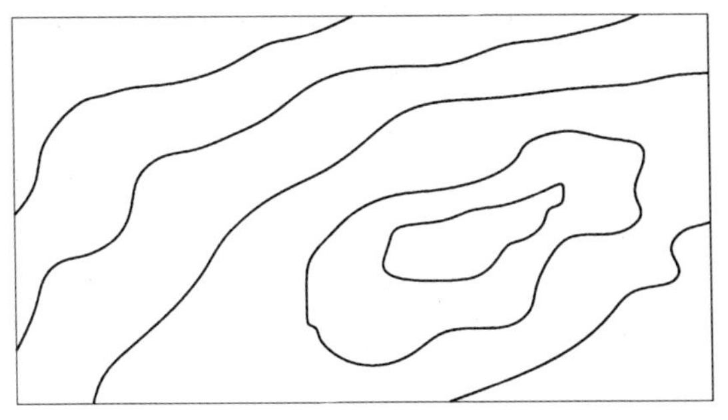

图 3.7 待处理的区域地形图

因此，地形构模算法简化为提取区域内闭合多边形，并对各闭合多边形再划分网络的问题，可以极大地降低算法的复杂度。

由于建网每次搜索点时需要遍历所有线上的点，为了减少每次搜索点分析比较的次数，故采用进一步分治。

3.1.2.1 区域再分区

采用进一步分治，可以有效地减少每次搜索点的数量，解决在构建大数据量不规则三角网时传统算法的不足，提高构网速度。

特殊情况下，在提取拓扑闭合多边形时，有时也出现环形结构，这里称作洞，如图 3.8 中的阴影部分，给闭合多边形区域的描述增加了难度。为了消除洞结构，在等高线某点处作横线或竖线，即可将洞割成上下或者左右两部分，因此也需要进一步分治。

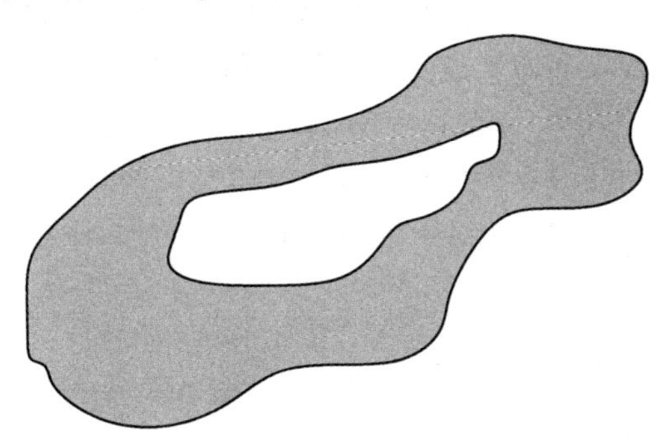

图 3.8 洞现象

区域再分区可以采用长短轴法增添分割线。首先判断区域 x/y 轴向哪个长，确定是采用竖割还是横割；再将每条等高线标记值设为 0，表示等高线“未处理”，对每条标记值为 0 的等高线在起点处作切割线，用该切割线与所有等高线求交，得到该切割线穿过的等高线；将所有穿过的等高线标记值设为 1，表示“处理过”。逐条将所有等高线进行切割，直到每条等高线标记值都为 1 为止。图 3.9 所示为采用两条竖向切割线将区域分为三部分。

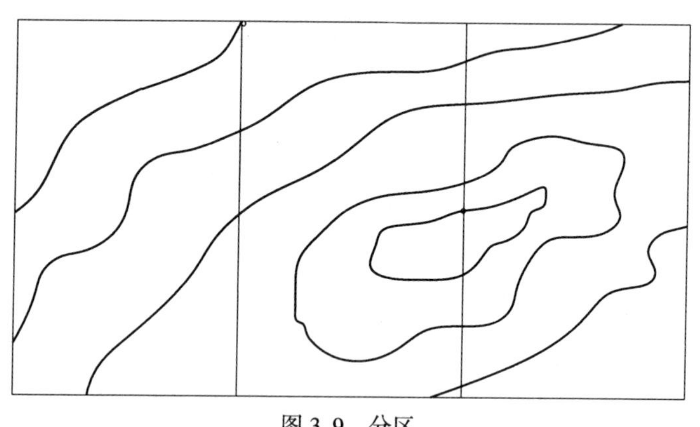

图 3.9　分区

3.1.2.2　自动提取闭合多边形算法

现在需要提取区域内相邻等高线围成的闭合多边形，可以采用构造拓扑多叉树的方法。首先求出区域边框与区域内等高线的交点，图 3.10（a）中，数字为交点序号；然后将这些交点作为多叉树的节点，进行多叉树的拓扑构造。每增加一个节点，遍历已生成的多叉树节点，通过分析比较，如果找到相同交点，即得到一个闭合多边形，做好标记，如图 3.10（b）中虚线表示多边形的封闭段，直到找出所有闭合多边形。

3.1.2.3　闭合多边形的面片构网

采用中值切割算法对闭合多边形的面片构网。

如图 3.11 所示，找出多边形的长轴方向，图中为 x 方向，以多

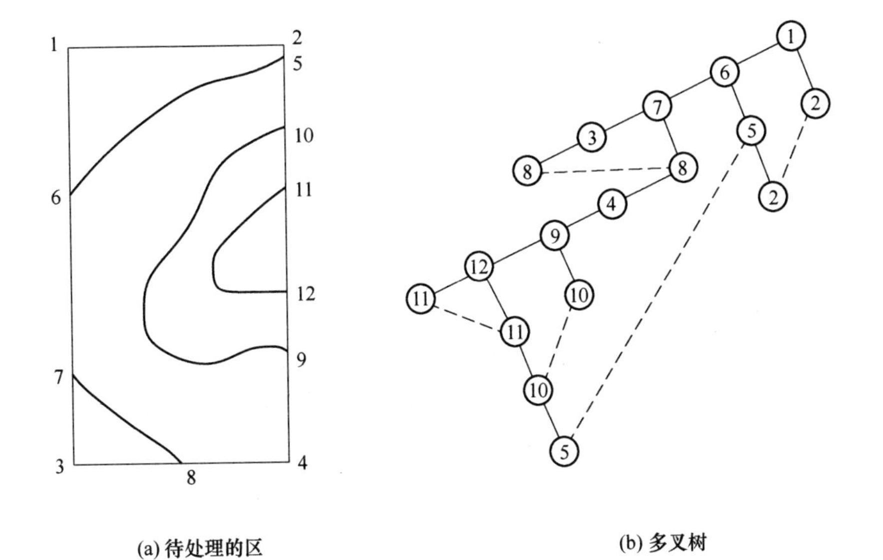

图 3.10 采用多叉树遍历提取闭合多边形

边形长轴方向两端中值作垂直切割线，图中，第 1 次切割得到 4 个交点。分割点两两相连得到分割线段，取分割线段中点并判断其在多边形的内外来删除多边形外的分割线段 2-3，图中剩下的分割线 1-2、3-4也可以分割多边形。共分割成三部分，分别构成新多边形。

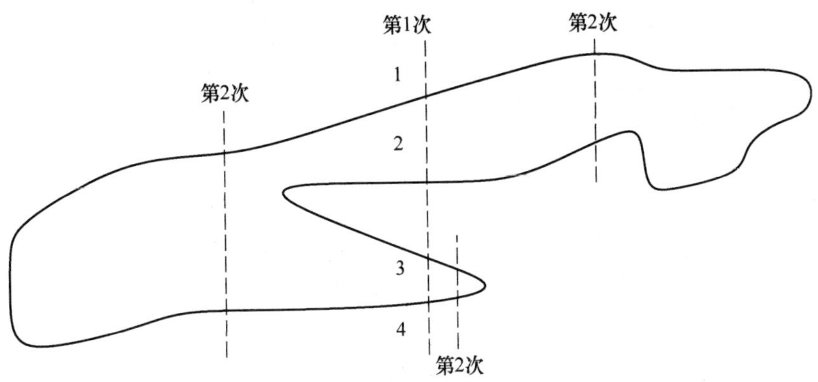

图 3.11 闭合多边形三角化中值递归分治法

继续对分割出的各新多边形进行中值分割分治，直到新多边形顶点数为 4 或 3 时，可直接构成面片，停止该新多边形的继续分割，整个算法采用递归法。

为了减少顶点数量，可用多边形上离交点最近的点代替交点作为分割点。

将所有构造好的面集，通过造型节点的合成、变换、生成纹理等过程完成矿山地形的三维可视化建模，图 3. 12 所示为一矿山采坑外地形建模实例。

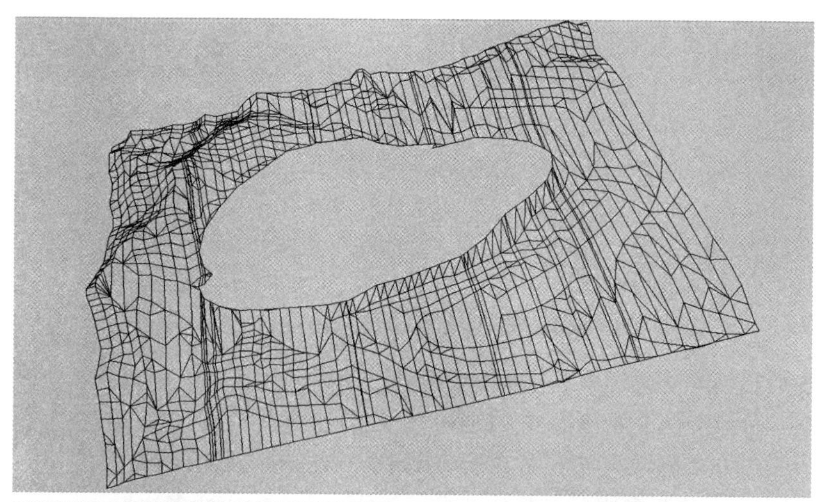

图 3. 12 采场外地表场景

针对矿山开采的特点，采用分治手段，将不变和变动地形分开处理，减少数据处理量，极大地提高了运算速度，可满足大规模地表模型实时重构的要求。

3.2 露天采场三维可视化建模

露天采场分为山坡露天和凹陷露天，是通过封闭圈来区分的，封闭圈以上是山坡露天，其下为凹陷露天。

总体看来，露天采场造型由台阶、平台和运输斜坡道等部分组成。从三维构模形态来看，台阶又有山坡和凹陷之分，两者不同。

如图 3.13 所示，露天采场特点为：（1）斜坡道是一个坡面，两侧各有一个三角坡面；（2）山坡台阶由坡顶线和坡底线构成坡面，其坡底线部分与下一台阶的坡顶线形成一个平台平面；（3）凹陷台阶坡顶线与坡底线形成一个坡面，上一台阶坡底线与下一台阶的坡顶线构成一个环形平面。

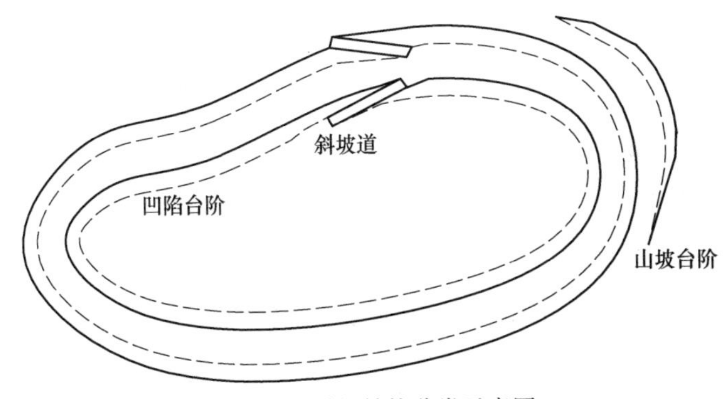

图 3.13　采场结构分类示意图

通过分析露天采场的特点，可将采场结构建模分解为如下几个部分：

（1）斜坡道的建模。斜坡道部分必须从台阶中切割出来单独建模，由斜坡面两端点向台阶作垂线进行截取，分解为一个由坡面和两三角坡面组成的结构，分别对这三个面进行构网，如图 3.14 所示。

（2）山坡台阶坡面建模。山坡台阶坡面如图 3.13 中月牙形状，由坡顶线与坡底线组成，由于两条线比较近，采用找出两条线邻近的

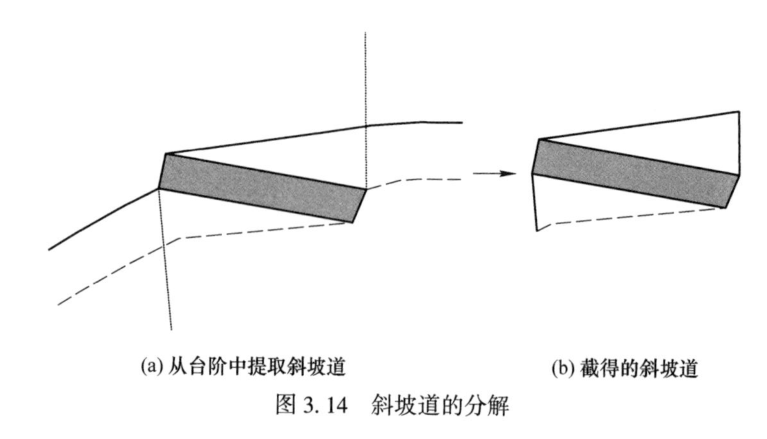

(a) 从台阶中提取斜坡道　　(b) 截得的斜坡道

图 3.14　斜坡道的分解

“点对”，直接连接构网。

（3）凹陷台阶坡面建模。如图 3.15 所示，由于通过第 1 步截去了斜坡道部分，因此形成一个两头有缺口的坡顶线与坡底线构成的坡面，两线也比较近，构网算法与山坡台阶坡面构网算法相同，也是找出坡顶线与坡底线邻近“点对”，直接连接构网。

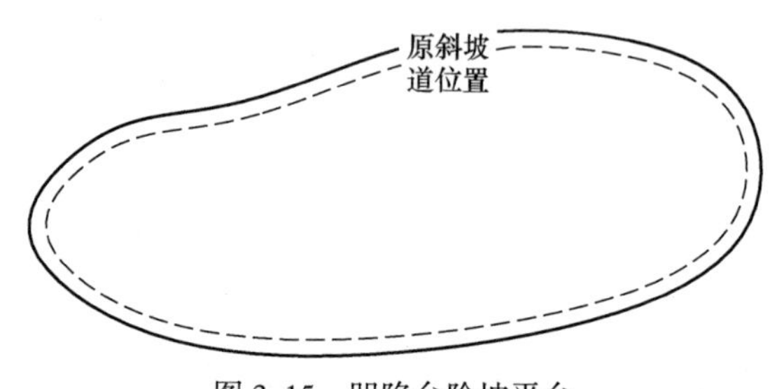

图 3.15　凹陷台阶坡平台

（4）上台阶坡底线与下台阶坡顶线构成的平台建模。如图 3.16 所示，找到上台阶的坡底线和下台阶的坡顶线，再由这两根线进行构网，算法与前面相同，由于两线距离比较近，可以直接找出两线邻近“点对”，直接连接构网。

露天采场三维可视化流程是以斜坡道为核心，将斜坡道坡面单独存储，通过坡面间的拓扑关系，找出与斜坡道相连的台阶，进行斜坡道切割；再通过封闭圈分出凹陷和山坡台阶，迅速将整个露天采场分解成上述 4 类结构。算法流程图如图 3.17 所示。

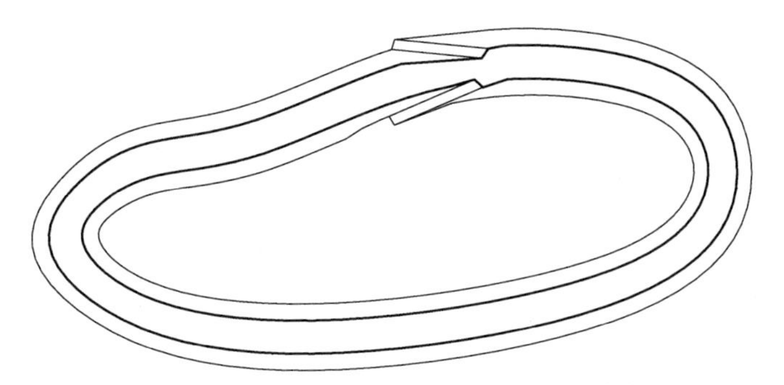

图 3.16　上台阶坡底线与下台阶坡顶线构成的面

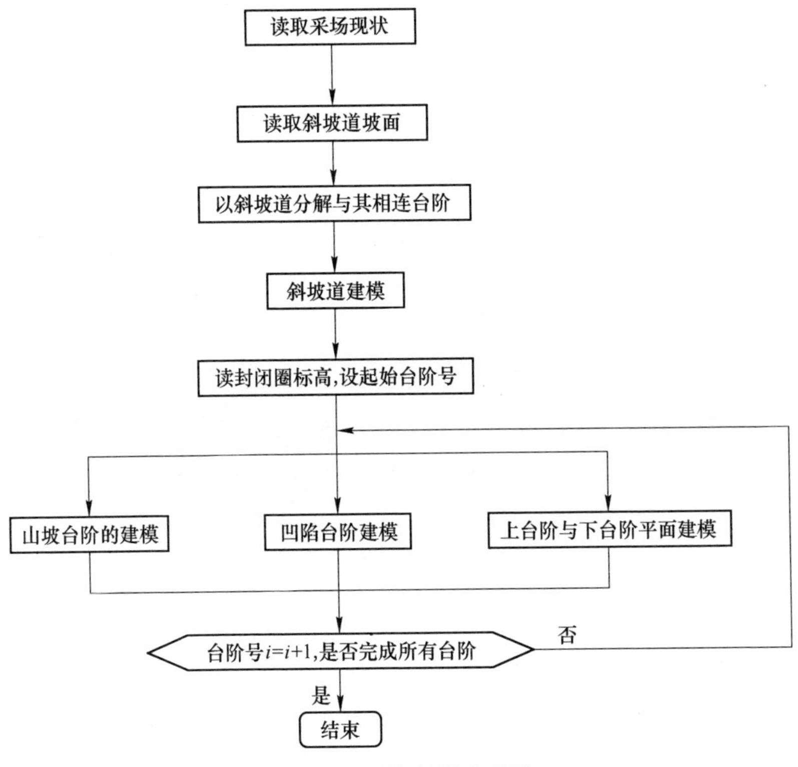

图 3.17　采场构模流程图

如图 3.18 为某露天矿山采场与地表合成的三维造型，为了减少面片数量，模型大部分采用了四边形。

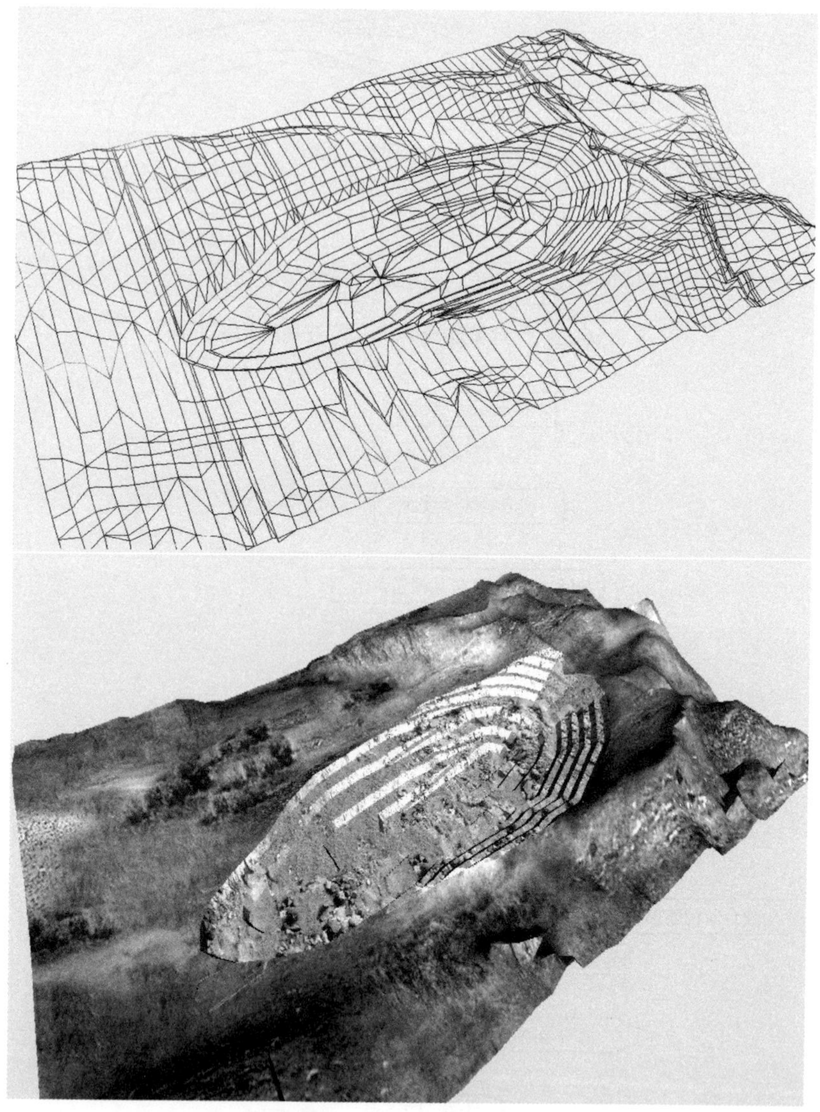

图 3.18 露天矿山虚拟场景

3.3 矿床三维可视化建模

矿床模型采用三维矢量块段矿床模型，矿（岩）体是由一层层棱柱体层叠而成，每层棱柱体由上顶、下底和立面组成，上顶和下底在平面上是一个闭合多边形[106,107]，因此矿床的三维可视化建模只需先将上顶和下底用平面多边形进行构网，可采用3.2.2.2节的中值切割算法对闭合多边形进行构网；之后，再生成一个连接上顶和下底的曲面即可。

地下矿（岩）体生长比较复杂，矿（岩）体形态存在分叉、扭转、尖灭等变化[108~112]，建立上顶和下底的曲面连接，实际上可以看成为上下相邻两分层同一矿（岩）体闭合多边形顶点匹配连接的问题[113~115]，这个问题在图形学和计算机界也是一个经典问题，也是难点[116~118]。

上下相邻两分层同一矿（岩）体闭合多边形连接有一一对应和矿（岩）体分支对应两种情况，必须区别处理。

3.3.1 矿（岩）体一一对应的情况

上下两个多边形的顶点连接，就是建立一个多边形的顶点到另一个多边形顶点的一个多值对应关系[119]，如图3.19所示，设有上下两个闭合多边形 A 和 B。由于矿（岩）体上下分层多边形形状具有渐变性，通过共同的特征点，可以确立其顶点的对应关系。

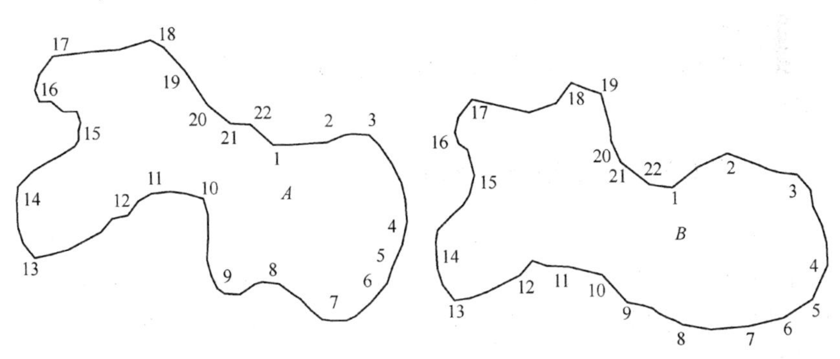

图3.19 多边形 A 和 B 顶点映射

凸多边形顶点对应算法比较简单，只需把多边形最左、最右、最上和最下四个点作为多边形的特征点，就可以快速找到顶点的对应关系。

当多边形同时存在凹和凸结构时，情况就复杂得多。一个多边形与另一个多边形在视觉上明显不同，最直接的是看其不同位置凹凸变化，因此凹凸变化是反映多边形形状的一个最重要的特征，是形状匹配中一个重要的识别元素。采用最大凸凹弧段法，就是将多边形中的连续的凸弧段和凹弧段分开组成凸、凹弧段[120]。图 3.20 中，粗线为凸弧，虚线为凹弧。

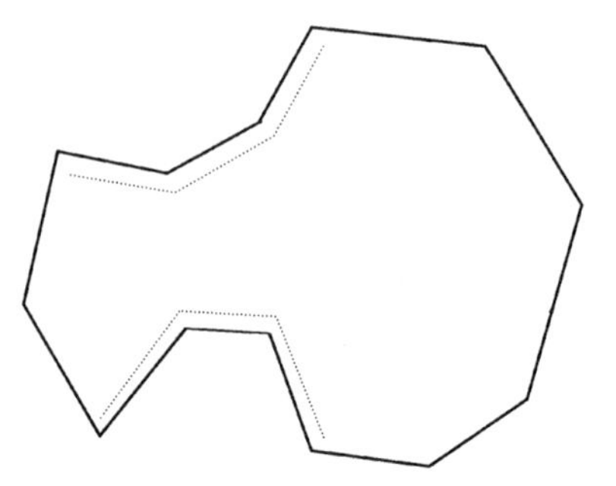

图 3.20　最大凸凹弧线

先计算凸弧，找到每段凸弧的对应关系。

凸弧采用正切空间来表示，设每段凸弧段的起点为基准点，则两多边形 A、B 上每段凸弧段的相似度 $d(A_i, B_j)$ 为：

$$d(A_i,\ B_j) = \left|\int_0^1 y_{A_i}(x)\,dx\right| - \left|\int_0^1 y_{B_j}(x)\,dx\right| \tag{3.1}$$

式中，i，j 分别为上、下分层两凸弧段的编号。

比较 A、B 两多边形每段凸弧的相似度 $d(A_i, B_j)$，可以快速得到上下分层多边形中各凸弧段的对应关系，将上下分层对应的弧线端点连接起来。

同理再找出上下分层凹弧段的对应关系，完成该矿（岩）体的构网。

3.3.2　矿（岩）体分支对应的情况

当矿（岩）体出现分支对应时，上下分层多边形表现为一对多的关系[121]，可以采用融断法。此法需要生成相贯线，用相贯线将上下分层多边形进行对应连接。图 3.21（a）所示为一对二的关系，上分层为两个，下分层为一个，需要将这三个多边形对应起来；图 3.21（b）所示为融断及生成相贯线的算法示意图，先将上分层两多边形视为整体，即“融”法，作这两多边形的公切线 CE、DF，C、D 和 E、F 为切点，切点将这两多边形切割为内、外弧线四段，即“断”法。现在需要找到上下多边形连接的相贯线。如果正好有剖面直接穿过这三个多边形，则用剖面图直接找到相贯线；如果找不到直接穿过这三个多边形的剖面，就必须采用相贯线推测算法生成相贯线[122]。作者提出采用中值法，先求 CE 和 DF 线段的中点，连接两中点得到中轴线 L_1，再求出中轴线 L_1 的中点 O_1，分别求出刚才切割出的外弧段上离中点 O_1 的最远点 M 和 N，以 MO_1 与 NO_1 的线长比值将 L_1 线投影到下分层多边形上得到线 L_2，在下分层多边形上相交于 G 和 H 两点，将下分层多边形切割为两段弧线，求出 GH 的中点 O_2，再求出 O_1O_2 的中点 O，通过 G、O、H 三点作出一个抛物线，即为要求的相贯线；如图 3. 21（c）所示，分别将上分层内侧弧与相贯线顶点对应，并构建四边形或三角形面片，图 3. 21（d）所示为将上分层外侧线与下分层两弧线顶点对应，并构建面片，完成该分层矿（岩）体的三维可视化建模。

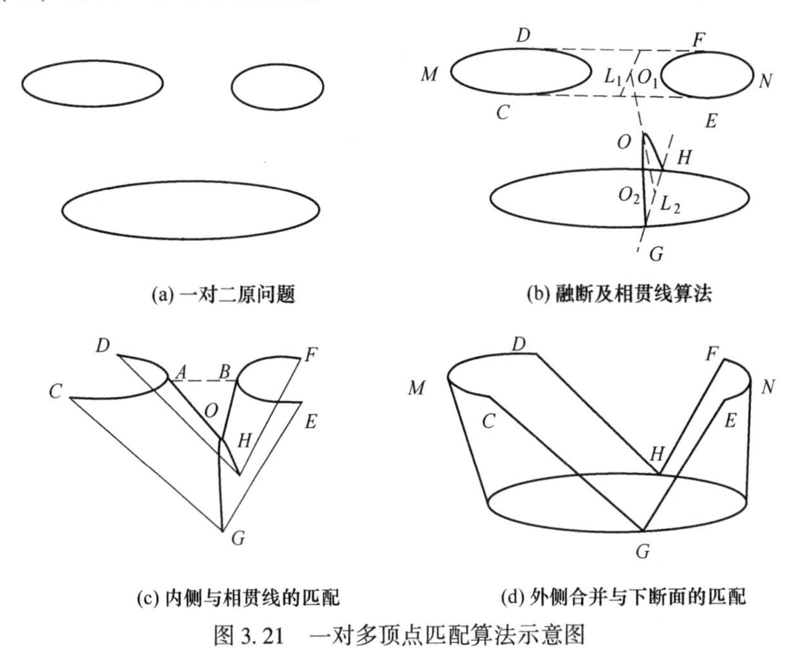

(a) 一对二原问题　　(b) 融断及相贯线算法

(c) 内侧与相贯线的匹配　　(d) 外侧合并与下断面的匹配

图 3. 21　一对多顶点匹配算法示意图

图 3. 22 所示为矿（岩）体三维可视化建模实例。

该算法可以处理各种复杂矿岩体的三维可视化建模，不受矿岩界线大小、变换的影响，描述矿体形态准确，可视化建模速度

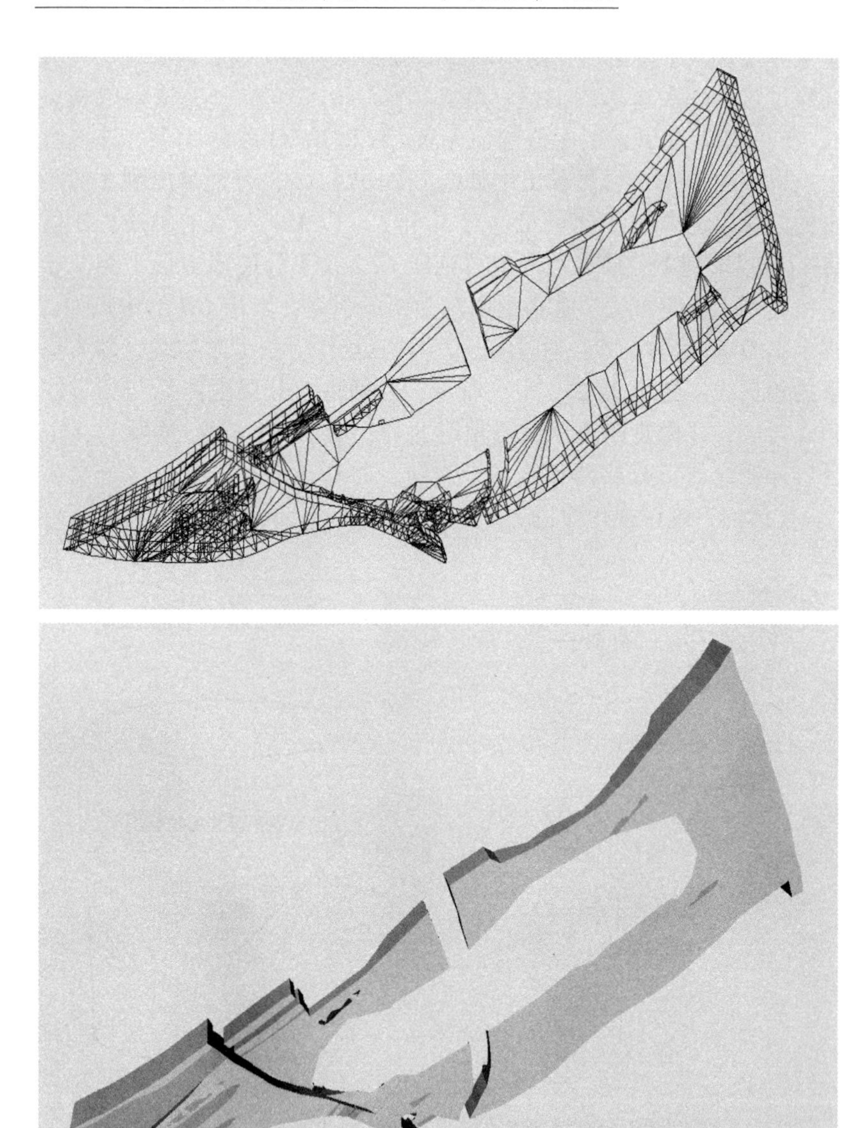

图 3.22　矿（岩）体三维可视化建模实例

快。图 3.23 所示为生产矿山矿体与采场及地表合成的三维可视化建模效果。

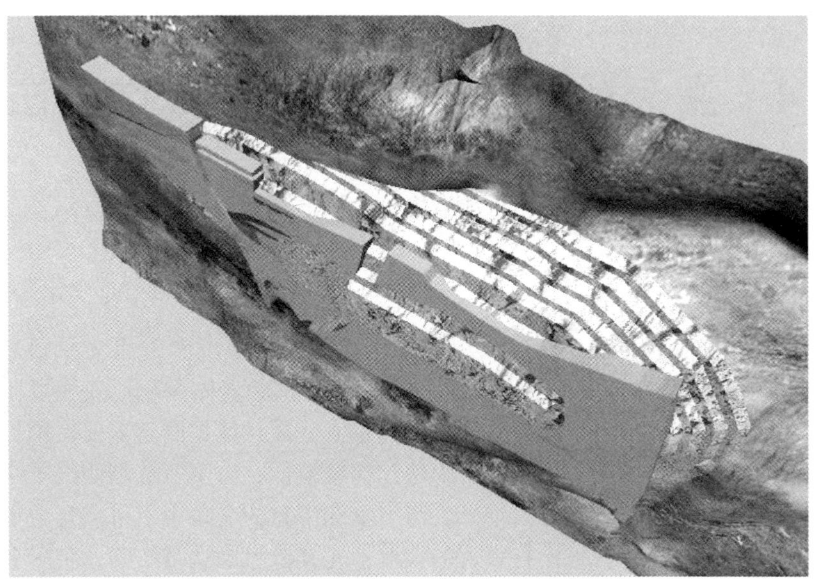

图 3.23　带矿体的虚拟矿山场景实例

4 露天矿境界圈定三维聚合锥方法

露天境界对矿床开采影响非常大，因此露天矿境界圈定是露天矿设计的一项重要任务。

目前，圈定露天矿境界有手工圈定法和计算机优化法两类[123,124]，手工圈定法是采用剥采比小于经济合理剥采比的原则来圈定的[125]，在一张张剖面图上用剖面上矿体、岩体面积比或线段比来计算剥采比，手工计算剥采比工作量大，而且境界圈定需要反反复复修改，比较烦琐；另外，手工法计算精度低，由于所选剖面线不一定与所圈出的露天境界线垂直，与上盘和下盘的交角也不可能完全相同，因此计算的剥采比有很大的误差，尤其未考虑端帮影响，实际上端帮的矿岩很大，存在误差现象。

在露天境界计算机优化方面，许多专家做了大量的工作，取得了一些标志性的成果，比如国际比较流行的浮动锥圈定境界法、图论境界圈定方法和动态规划境界圈定方法等优化算法，这些方法都是建立在方块模型或实体矿床模型的基础上，需要将矿体划分为一个个方块，除了建立这种方块模型外，还需要建立方块经济模型，即逐个计算开采每个方块的净利值，并赋值给每个方块[19,125]。建模要求数据多，建模时间长，同时各优化算法在构造方案时需要反复逐个方块扫描，如果方块划分的尺寸大，优化方案扫描方块的速度有所改善，但精度低；若为了提高精度，将方块尺寸划分得小，则方块数量剧增，又降低了优化方案对方块的扫描速度。

由于矿床模型采用了三维矢量块段矿床模型，因此，提出了与之相适应的三维聚合锥露天境界圈定新方法。

4.1 三维聚合锥露天境界圈定法的基本思路

露天矿境界三个要素包括底部周界、最终边坡和开采深度，因此露天境界圈定实际上就是确定境界这三个要素。描述底部周界大小的一个参数就是周界宽度，其最小宽度称作最小底宽。最小底宽一般是根据矿山采用的开拓方式和调车方式来确定，露天境界最终边坡角是根据矿岩石力学性质和安全平台、清扫平台、运输平台的台阶布置情况来确定，最小底宽和最终边坡角可以视为已知参数，因此，露天境界圈定实际上是确定底部周界的具体形状和底部深度。

三维聚合锥露天境界圈定法的基本思路为：由上而下对各分层寻找合格锥，在各分层中对每个矿体采用中线法直接构造底部周界，按边坡角向上生成境界锥，计算境界锥内的平均剥采比 n_P 和境界剥采比 n_J，以 n_P 和 n_J 两种剥采比小于经济合理剥采比 n_{jh} 为判定原则，判定该锥是否为合格锥，最后所有合格锥聚合在一起形成最优露天境界。

如果矿区只有一个无分支的单矿体，构造锥比较简单，一个分层构造一次锥，通常下分层锥涵盖上分层锥，上下锥的聚合比较简单；如果矿床复杂，存在多个矿体，则对多个单矿体分别构造锥，多个锥聚合在一起得到最终境界。多个矿体构造锥的方法与单个矿体构造锥方法相同，只是多次进行构造。

4.2 单矿体的构造锥方法

4.2.1 确定底部周界的算法

手工法圈露天境界时，底部周界一般是沿着矿体走向生成一条宽度为境界最小底宽的双线条，两端再封闭形成一个闭合多边形。因此，本书也采用这个思路确定底部周界。由于地质勘探的误差，其圈定的矿体界线也会有误差，矿体埋藏越深，误差越大。基于这个考虑，将境界底放在矿体界线的中间，因此，确定底部周界的问题简化成闭合多边形找中心线的问题。再以这条中心线为中心，生成一条宽度为境界最小底宽的双线条，两端再封闭，从而确定底部周界。

矿山矿体经常遇到分叉、扭转、变形、尖灭等情况，形态比较复杂，导致每分层上的矿体界线也非常复杂，因此，矿体界线多边形的中心线也不是一条简单的线条，必须反映矿体分叉、扭转、变形、尖灭等特点，所得到的底部周界形状也是复杂的。对于多边形的中心线算法，很多专家做了研究，本书提出采用三角网快速提取法。

具体做法为：先对某分层单个矿体多边形构造三角网，再在三角网中提取中心线。由于沿中心线全长矿体厚度不一定都满足最小可采厚度，因此需要将小于最小可采厚度的矿体剪去，本书称作中心线分析，即以中心线为中心，生成一条宽度为最小可采厚度的双线条，找到沿中心线小于最小可采厚度的部分矿体，在中心线上剪掉，得到新中心线，再以新中心线为中心，生成一条宽度为境界最小底宽的双线条，两端封闭，所得封闭多边形即是要找的底部周界，分层底部周界确定的算法框图如图 4.1 所示。

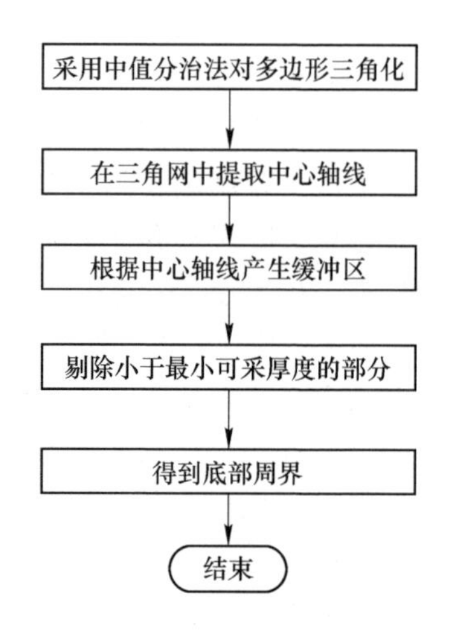

图 4.1 确定底部周界的算法流程图

4.2.1.1 构造矿体多边形三角网

采用中值分治法对闭合多边形进行三角化的过程如下：

先判断多边形 X/Y 方向哪个长，如图 4.2 所示，将多边形在长轴方向两端点 A 和 B 切开成 $L1$ 和 $L2$ 两段弧；再采用中值分治法，对 $L1$ 和 $L2$ 两段弧进行顶点对应，进行三角化，闭合多边形三角化算法与 3.1.2 节中“闭合多边形的面片构网”相近。

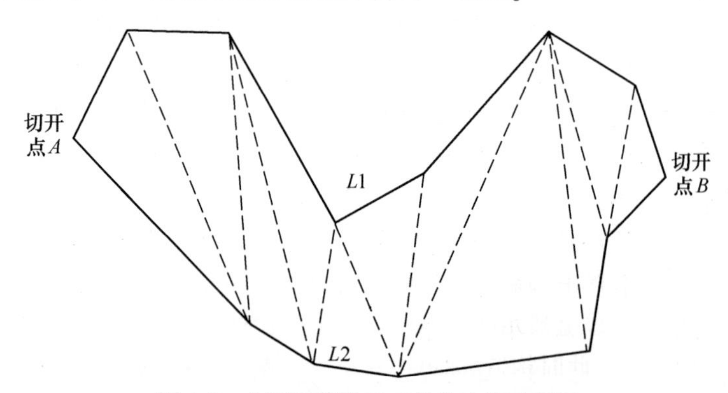

图 4.2 上下两线段的三角化连接示意图

4.2.1.2 提取底部周界中心线

从多边形三角网中提取多边形的中心线作为底部周界的中心线，其算法是逐个三角形生成中心线线段，之后采用树结构将所有生成的中心线线段连接起来。

三角形与相邻三角形的关系特点，如图 4.3 所示，有三种情况[126,127]：第 1 种是只有一边邻接三角形，第 2 种是 2 边邻接三角形，第 3 种是 3 边都邻接三角形。

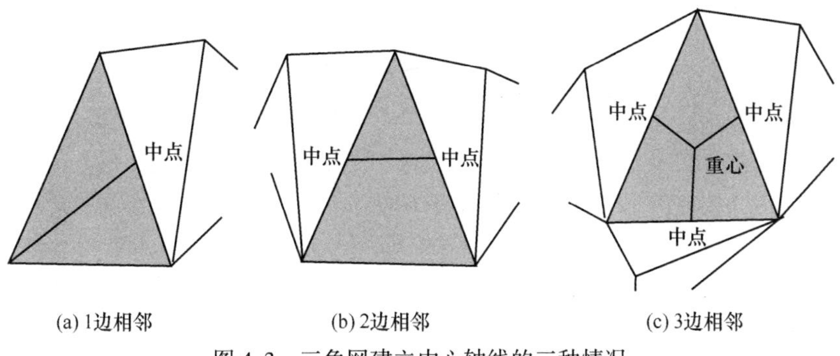

图 4.3 三角网建立中心轴线的三种情况

由图 4.3 中可以看出，对第 1 种情况，只需将这条邻接边的中点与其正对的三角形顶点连接起来即可，只能得到 1 条中线线段；对第 2 种情况，直接连接两条邻接边的中点，只能得到 1 条中线线段；对第 3 种情况，可以先找到三角形重心，再从三角形重心分别连接三边的中点，可以得到 3 条中线线段。将这 3 种情况生成的中线线段分别存放在 D_1、D_2、D_3三个数组中。

如图 4.4 所示，如果 D_3数组元素不为空，表示该中心线有分叉情况，用多叉树结构来表示这根底部周界中心线，从 D_3数组某元素树根点，遍历搜索 D_1、D_2、D_3数组，将所有线段连接起来，生成多叉树。如果 D_3数组元素为空，则表示无分叉，底部周界中心线是一根线，则设 D_1数组某元素为树根点，遍历搜索 D_1、D_2数组，将所有线段连接起来，此时构造的中心线多叉树实际是一条链状结构，而且是一条从 D_1某元素起始并终结于 D_1另一元素的链状线。

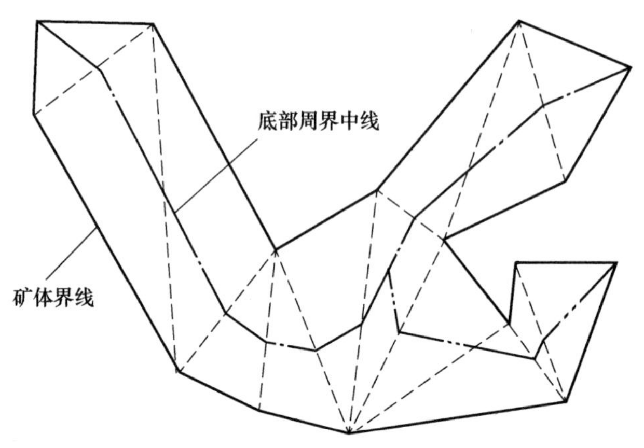

图 4.4　底部周界中心线的算法示意图

算法中需用到三角形重心和线段中点的计算。实际上，重心的坐标是三角形三个顶点坐标的算术平均数，线段中点是线段两端点坐标的算术平均数。

设三角形三个顶点坐标为（x_1，y_1）（x_2，y_2）（x_3，y_3），则重心的坐标（x_0，y_0）为：

$$x_0 = \frac{x_1 + x_2 + x_3}{3}$$
$$y_0 = \frac{y_1 + y_2 + y_3}{3} \tag{4.1}$$

设线段两端点坐标为（x_1，y_1）（x_2，y_2），则线段中点的坐标（x_0，y_0）为：

$$x_0 = \frac{x_1 + x_2}{2}$$
$$y_0 = \frac{y_1 + y_2}{2} \tag{4.2}$$

4.2.1.3　底部周界中心线分析

底部周界中心线确定后，需要对确定的底部周界中心线进行分析，沿着中心线逐个顶点分析矿体厚度，如果局部矿体厚度小于最小可采厚度，就必须剪除这部分。

在底部周界中心线两侧各生成一条离中心线二分之一最小可采厚度的平行线，如果这两条平行线与矿体多边形相交，则表示这位置矿体厚度将要小于最小可采厚度，需要剪除这段矿体厚度小于最小可采厚度的部分。

求平行线的方法很多，本书采用“首尾端作法线，中间段作角平分线”的方法，在中心线首尾线段最外两端点处作线段的法线，中间线段两两作角平分线，最后在上述求得的法线和角平分线上截取平行线间距长得到平行线的点，顺序连接即得到平行线。

该方法可以减少计算量，速度快，如图4.5所示。

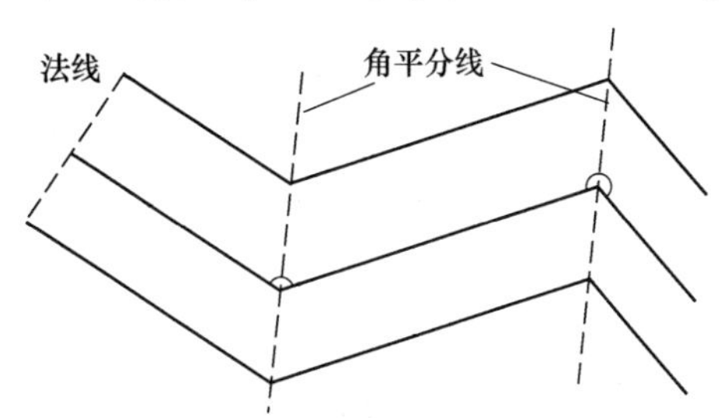

图4.5 在中心线两侧作平行线的角平分线法算法

角平分线算法[126]：如图4.6所示，中心线上的三点A、B、C坐标分别为$(x_A, y_A)(x_B, y_B)$和(x_C, y_C)，需要求B点的左右角平分线点B_1、B_2的坐标。

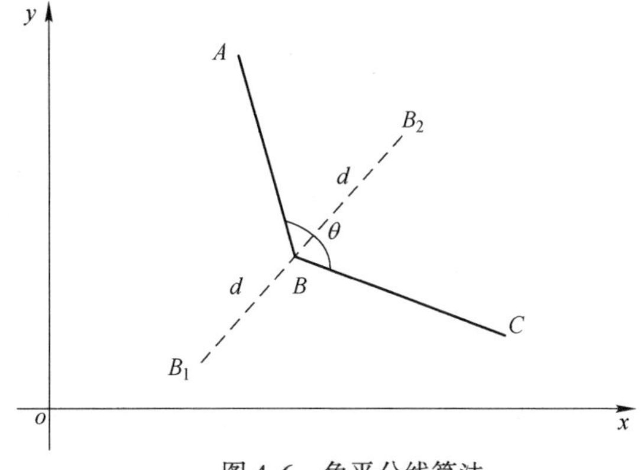

图4.6 角平分线算法

B 点的左右角平分线点 $B_1(x_1, y_1)$，$B_2(x_2, y_2)$ 的坐标分别为：

$$\begin{cases} x_1 = x_B - D\cos\beta \\ y_1 = y_B - D\sin\beta \end{cases}$$
$$\begin{cases} x_2 = x_B + D\cos\beta \\ y_2 = y_B + D\sin\beta \end{cases} \tag{4.3}$$
$$D = \frac{1}{2\sin\left(\dfrac{\theta}{2}\right)}d$$
$$\beta = \alpha_{BA} + \frac{1}{2}\theta$$

$$\theta = \begin{cases} \alpha_{BC} - \alpha_{BA} & (\alpha_{BC} > \alpha_{BA}) \\ \alpha_{BC} - \alpha_{BA} + 2\pi & (\alpha_{BC} < \alpha_{BA}) \end{cases} \tag{4.4}$$

式中，α_{BA}为 BA 的方向角；α_{BC}为 BC 的方向角；D 为左右侧的平行距离；θ 为两线段的夹角。

如图 4.7 所示，在中心线两侧生成两条平行线，计算每条平行线上所有线段与矿体界线的交点。如果没有交点，说明沿这条中心线的矿体厚度都超过最小可采厚度；如果有交点，说明交点处矿体厚度都超过最小可采厚度，一般都是出现在中心线的端部，在交点位置作底部周界中心线的垂线，得到中心线剪切位置，直接剪掉外侧即可，遗留下的部分即为最后的底部周界中心线。

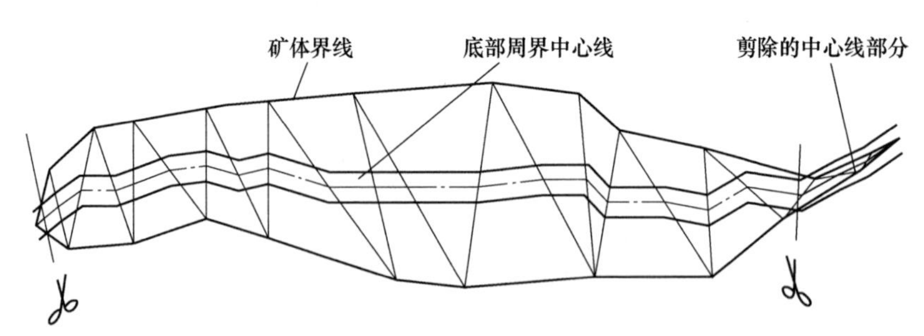

图 4.7 底部周界中心线分析

底部周界中心线算法框图如图 4.8 所示。

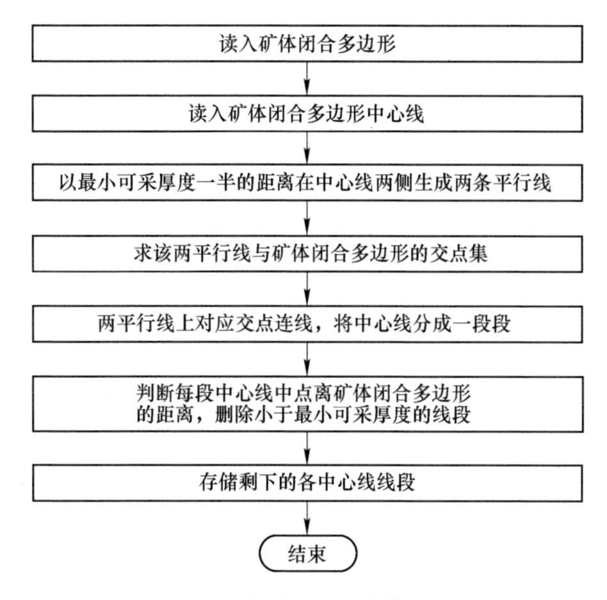

图 4.8 底部周界中心线算法框图

4.2.1.4 绘制底部周界

以修剪后的底部周界中心线为中心，生成一条宽度为境界最小底宽的区域，连接区域边界点得到一个闭合多边形，算法与前面底部周界中心线分析中平行线生成算法相同，即为所求的底部周界，底部周界生成的程序框图和算法示意图分别如图 4.9 和图 4.10 所示。

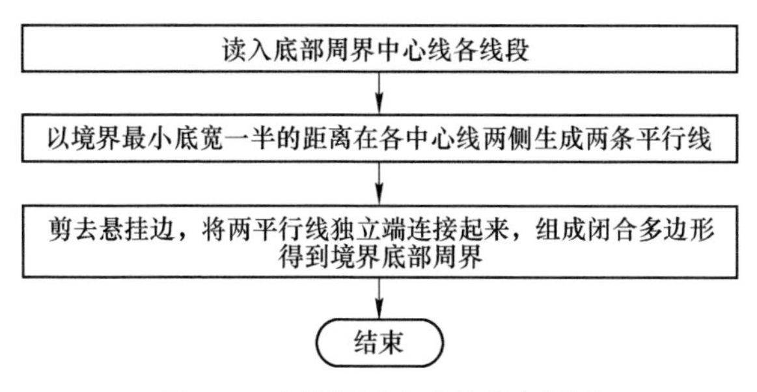

图 4.9 底部周界生成的程序框图

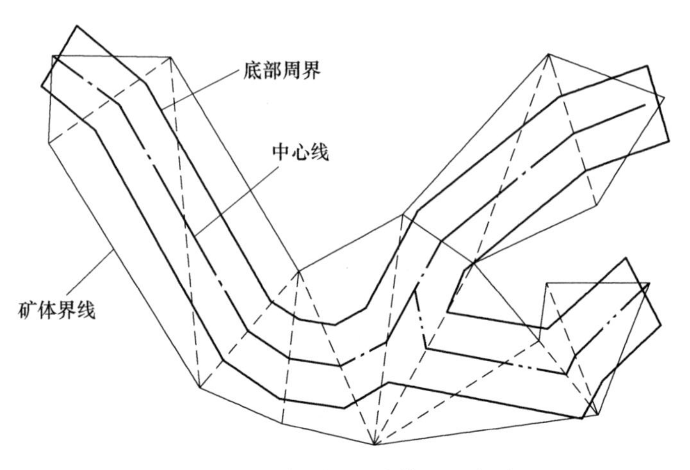

图 4.10　底部周界生成算法示意图

4.2.2　境界锥体的生成算法

找到底部周界后，下一步就是在底部周界外侧按边坡角在每个水平分层一层层扩圈，得到境界锥体。

本书采用角平分线法扩圈。如图 4.11 所示，在底部周界上两两相邻的两线段作角平分线，再在角平分线上以扩展长度截取得到外扩线的点，找到所有外扩点后，将所有外扩点连接起来即得到上一水平分层的境界线，完成一个分层的扩圈，继续扩圈生成再上一水平分层境界线，直至地表，求得各水平的境界线，完成扩圈过程。

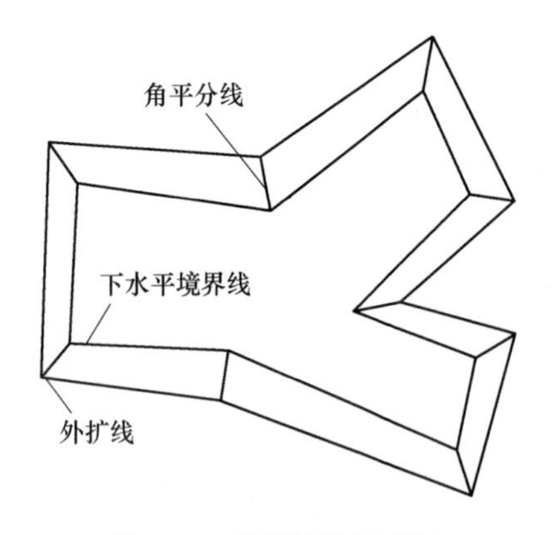

图 4.11　扩圈算法示意图

底部周界向外扩一圈算法框图如图 4.12 所示。

由于不同位置境界的边坡角不同，在求取每个外扩点时，读取该点处的边坡角，再按不同边坡角计算出该处边坡的水平投影扩展长

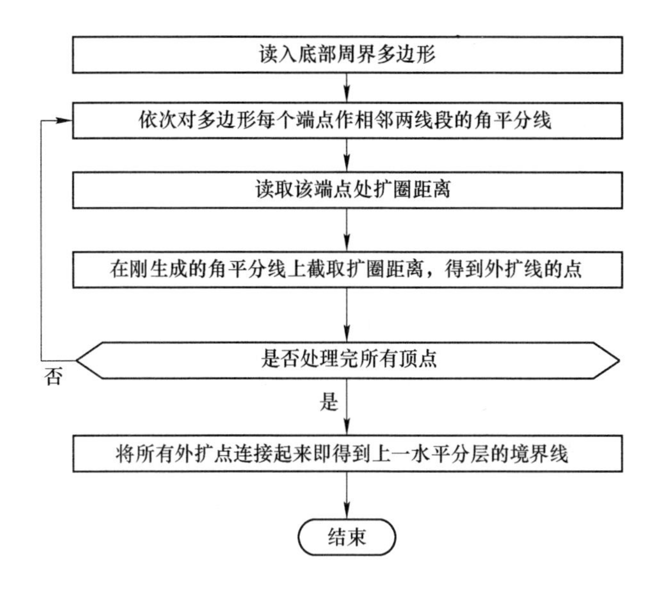

图 4.12 底部周界向外扩一圈算法框图

度。因此，由底部周界扩圈时，每个顶点向外扩的距离都不尽相同，算法近似于平行线，但不是简单的平行线。

4.2.3 合格锥的判定

每次新生成的锥实际上就是一个可能的境界，判断它是否值得开采，必须满足境界圈定的原则。

4.2.3.1 合格锥的判定原则

露天境界是采用某种剥采比不大于经济合理剥采比的原则进行圈定的。国内主要采用境界剥采比和平均剥采比不大于经济合理剥采比的原则，因此，境界圈定的原则也是本书合格锥的判定原则：

（1）境界剥采比小于或等于经济合理剥采比，即 $n_j \leqslant n_{JH}$。该原则是要求在露天境界边界层的露天开采成本不大于地下开采费用，具有使整个露天开采总经济效果最佳的特点。由于使用简单，普遍采用。

（2）平均剥采比小于或等于经济合理剥采比，即 $n_P \leqslant n_{JH}$。该原则要求整个境界内的露天开采总费用小于或等于地下开采总费用。允许某时期经济效果比地采差，但总体上平均不应比地采差。该原则圈出的境界比境界剥采比原则圈出的境界大些，该原则一般作为境界剥采比原则的补充。

本书同时采用这两个原则进行境界锥体的合格性判定。

4.2.3.2　锥体剥采比的计算方法

三维聚合锥法圈定境界的原则与手工法一致，境界锥体的合格性判定需要满足境界剥采比和平均剥采比都小于经济合理剥采比，因此，需要研究计算境界剥采比 n_j 和平均剥采比 n_P 的算法，采用三维空间上计算剥采比，因此计算精度高。

A　锥体平均剥采比 n_P 计算方法

锥体平均剥采比计算比较简单，只需计算出锥内矿石和岩石总体积，如图 4.13 所示。

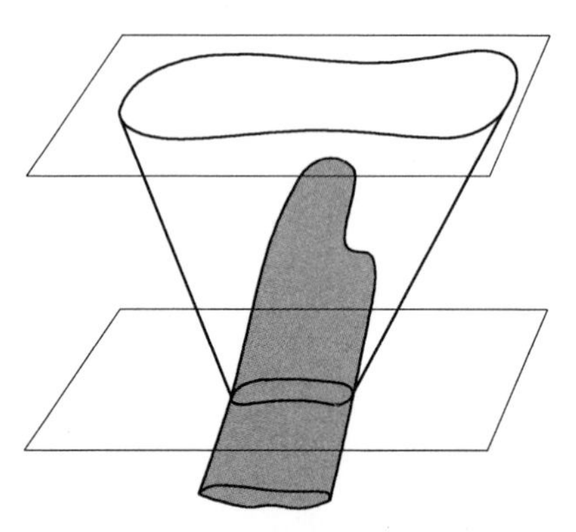

图 4.13　平均剥采比计算示意图

由于矿床模型采用了三维矢量块段矿床模型，分层矿（岩）棱柱体由顶、底和侧面组成，因此顶和底都是水平的，是一个闭合多边形，锥体在各分层水平也是一个个闭合多边形。要计算锥体内矿、岩量，先求出各分层锥体境界线（闭合多边形）与矿、岩界线（闭合多边形）的公共部分，算法与 2.3 节“开采储量的计算算法研究”中“两多边形相交，求公共区域”相同，得到公共部分闭合多边形，闭合多边形面积计算公式如下：

$$S = \sum_{i=1}^{n} \frac{(y_i + y_{i+1})(x_{i+1} - x_i)}{2} \tag{4.5}$$

式中，i 为多边形顶点序号，$i=1$，…，n；x_i和 y_i为多边形第 i 顶点的坐标。

通过式（4.5）可以计算出锥体内各分层矿体、岩体的面积，再按式（2.2）~式（2.4）用上下两个分层矿体、岩体面积分别计算出分层矿体、岩体的体积，最后各分层累加得到矿岩总体积 $V_{矿}$和 $V_{岩}$，两者相除可以求得平均剥采比。平均剥采比算法框图如图 4.14 所示。

平均剥采比 $$n_P = V_{矿}/V_{岩} \tag{4.6}$$

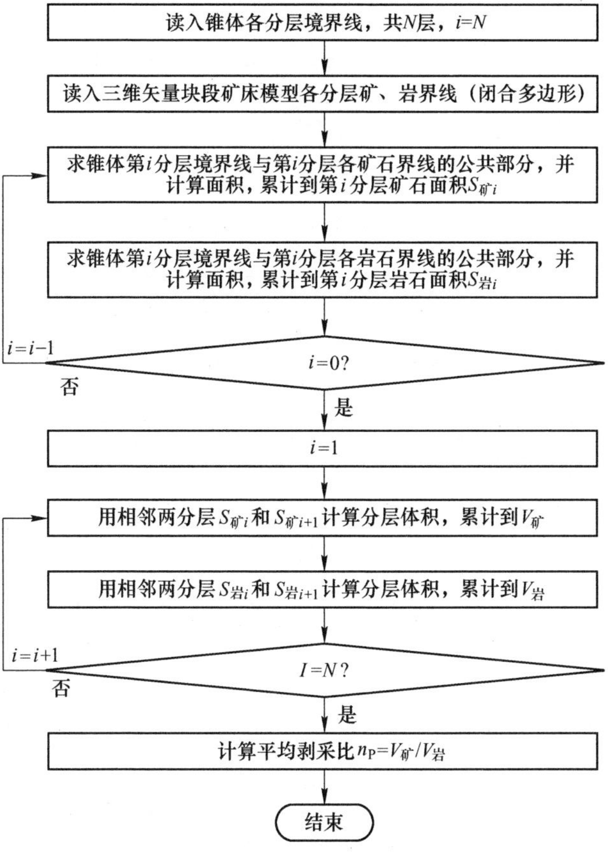

读入锥体各分层境界线，共N层，$i=N$

读入三维矢量块段矿床模型各分层矿、岩界线（闭合多边形）

求锥体第i分层境界线与第i分层各矿石界线的公共部分，并计算面积，累计到第i分层矿石面积$S_{矿i}$

求锥体第i分层境界线与第i分层各岩石界线的公共部分，并计算面积，累计到第i分层岩石面积$S_{岩i}$

$i=0$?

否

$i=i-1$

是

$i=1$

用相邻两分层$S_{矿i}$和$S_{矿i+1}$计算分层体积，累计到$V_{矿}$

用相邻两分层$S_{岩i}$和$S_{岩i+1}$计算分层体积，累计到$V_{岩}$

$I=N$?

否

$i=i+1$

是

计算平均剥采比$n_P=V_{矿}/V_{岩}$

结束

图 4.14 平均剥采比计算框图

B　锥体境界剥采比计算方法

境界剥采比的计算复杂些，根据定义，需要在原锥底标高增加 Δh 重新构造一个锥。如图 4. 15 所示，设 Δh 为一个分层的高，即将现有的境界锥体上浮一个分层得到一个新锥，分别计算两锥内的矿、岩体积 $V_{矿上}$、$V_{岩上}$、$V_{矿下}$、$V_{岩下}$，分别将矿、岩体积下锥减去上锥，用其差值求得境界剥采比。境界剥采比计算框图如图 4. 16 所示。

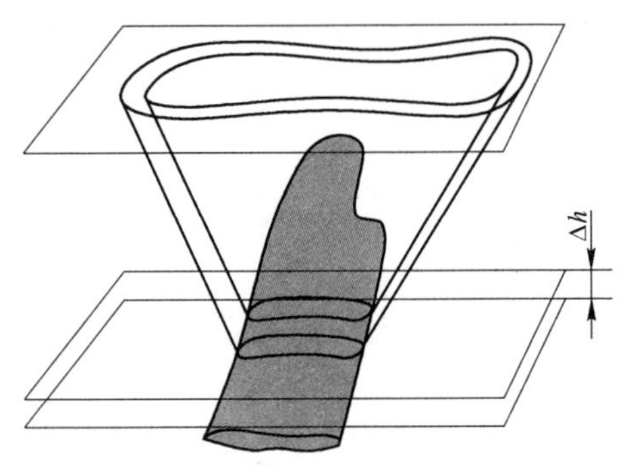

图 4. 15　境界剥采比计算示意图

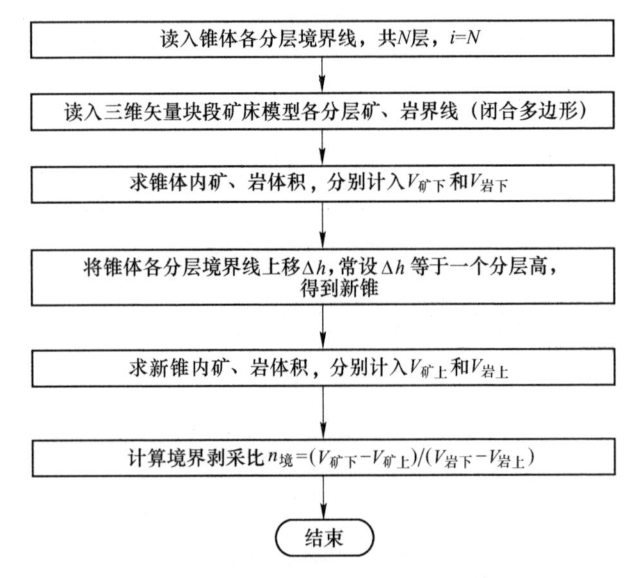

图 4. 16　境界剥采比计算程序框图

境界剥采比

$$n_{境} = \frac{\Delta V_{岩}}{\Delta V_{矿}}$$

$$\Delta V_{岩} = V_{岩下} - V_{岩上}$$
$$\Delta V_{矿} = V_{矿下} - V_{矿上} \tag{4.7}$$

4.3 多矿体的构造锥及其聚合

对于存在多个矿体的矿山，需要分别对多个矿体构造锥。

先按顺序逐个矿体构造境界锥，每个矿体构造锥的方法与单矿体构造锥的方法相同，只是在构造后锥时，认为前锥已经采完。在计算矿、岩量时，把前锥内的矿、岩变成“空气”即可，这样后锥计算出的矿岩量就不包含前锥的量。

最后，将所有合格锥聚合在一起，构成一个聚合锥，得到矿山的最终境界，完成境界优化工作，聚合锥的构成算法如图 4.17 所示。

其算法伪代码为：

```
Sub polymerizationcone ( )
    读入所有合格锥各分层的境界线，共 n 个锥，m 个台阶
    For i=1 to n
      For j=1 to m
       F(i,j)= 1'标记各合格锥各分层的境界线有效
       Next j
    Next i
      判断各合格锥相邻关系，按左右/上下顺序排序
    For k=1 to m
     For i=1 to n-1
      For j=i+1 to n
          第 k 分层，如果第 i 锥与第 j 锥境界线有公共部分，则聚合，聚合后的
境界线计入第 j 锥境界线，并令 F(i,k)= 0'标记第 i 锥境界线无效
      Next j
    Next i
    Next k
    将所有标记为有效的境界线构造三维顶点匹配
End sub
```

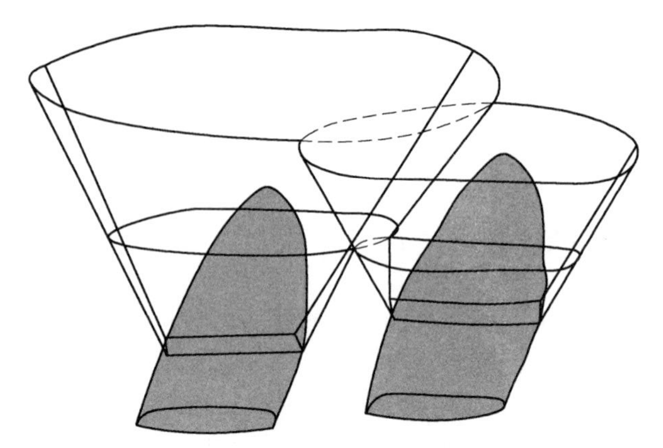

图 4.17 聚合锥的构成算法示意图

4.4 开拓系统的布置及境界的重调整

上面所述完成了矿山境界优化工作，但还需要进一步明确布置运输通道、设置安全平台和清扫平台，对优化的境界方案重新进行调整、设计，这部分采用人机交互方式实现。

只保留各锥的锥底即底部周界，用破圈法插入运输平台斜坡道，重新得到新底部多边形，继续向上一分层的扩圈，插入斜坡道（斜坡道布置算法见 5.1.3 节），这样一层层进行扩圈、破圈操作，通常每隔 3 个分层需要设置安全平台和清扫平台，直到地表，并重新计算境界剥采比和平均剥采比，验算剥采比是否符合境界圈定原则，绘制出终了平面图，完成整个境界的设计。

4.5 境界圈定实例

以生产矿山为例进行了境界圈定，三维聚合锥圈定露天境界基本参数设定为：

（1）经济合理剥采比：按原矿成本比较法 n_{JH} 为 6.8t/t，相当于 8.25m^3/m^3。

（2）最小底宽：拟采用公路开拓汽车运输方式，底宽应满足汽车调车的要求，采用折返调车方式，其底宽为 30m。

（3）边坡角：本次三维聚合锥圈定露天境界依据岩石物理力学

性质选取边坡角。

（4）台阶参数：台阶高 12m，台阶坡面角 60°。

4.5.1 三维聚合锥初圈境界

采用三维聚合锥法初步圈出境界，同时得出底部周界，底部标高为+20m，分别如图 4.18 和图 4.19 所示。

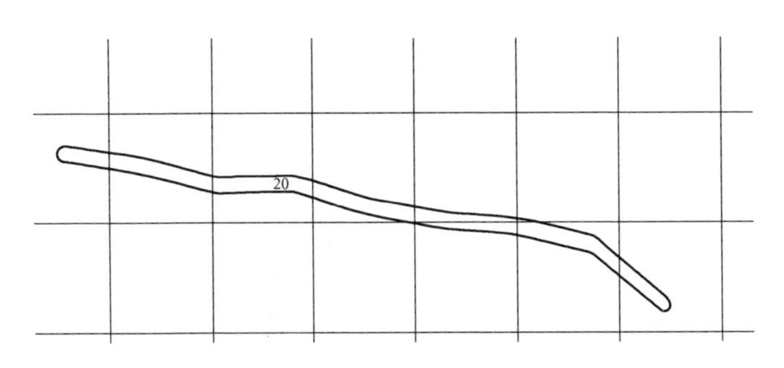

图 4.18 三维聚合锥圈定某矿山境界底部周界

4.5.2 布置开拓系统重调整境界

完成上一步工作之后，再以该底部周界逐层向上扩圈、破圈，布置运输平台、清扫平台和安全平台，对初圈境界进行重调整。

选择公路开拓，公路宽度选择为 18m，限制坡度 8%，缓坡段长度 60m，最小转弯半径 20m。边坡布置安全平台、清扫平台和运输平台，每两个安全平台布置一个清扫平台，安全平台的宽度定为 6m，清扫平台的宽度为 15m。最终境界台阶两两并段，并段后为 24m。并段后，出入沟斜坡道的长度为 24/0. 08=300m。

选场、排土场及总出入沟位置的确定：根据本矿山的实际情况，选场设在南端方向，排土场设在西端方向，为了减小综合运输功，需要布置两个出入沟，分别设在境界的南端（下盘）和西端，南端去选矿厂，西端到达排土场。

4.5.3 露天开采圈定结果

重调整得到最终境界，露天开采圈定结果见表 4. 1。

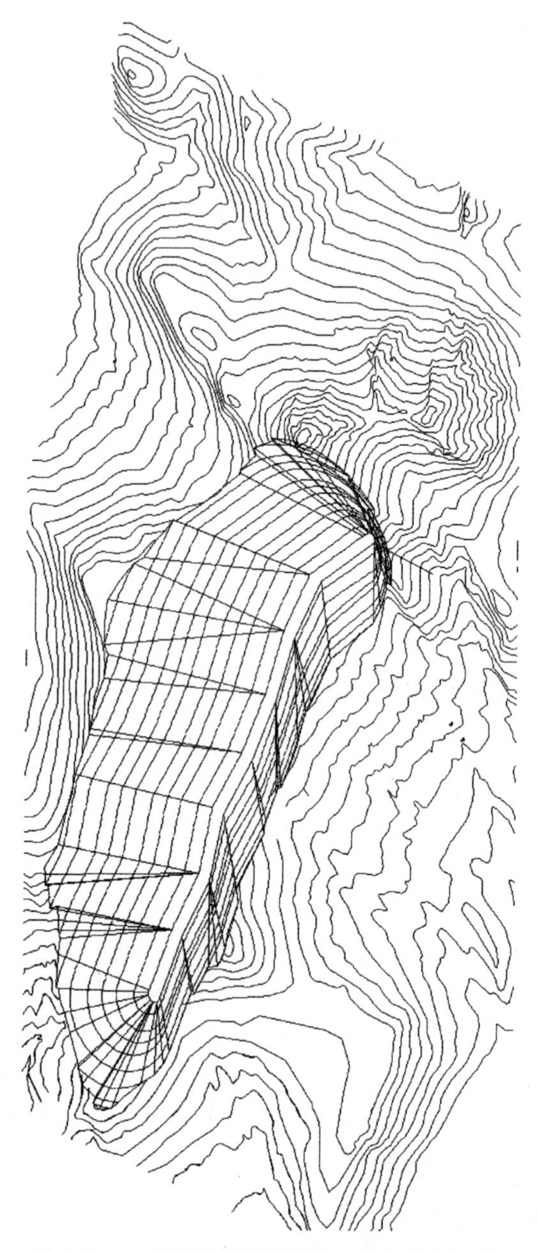

图 4.19 三维聚合锥圈定某矿山境界线框模型

表 4.1 露天境界圈定结果

序号	项 目		单 位	指 标
1	境界尺寸：上口（长×宽）		m	1693×553
2	境界尺寸：下口（长×宽）		m	1235×30
3	最终边坡角	下盘（南）		42°13′19″
		上盘（北）		48°7′48″
		端帮（东西）		47°50′53″
4	境界最高标高		m	360
5	封闭圈标高		m	164
6	露天底标高		m	20
7	边坡垂高（按封闭圈计）		m	144
8	境界内矿石量		万立方米	1910. 4336
9	境界内岩量		万立方米	4906. 4912
10	总量		万立方米	6816. 9248
11	平均剥采比		t/t	2. 00

境界最高标高 360m，最低标高 20m，封闭圈 164m。境界内共有矿石 1910. 4336 万立方米，岩石 4906. 4912 万立方米，平均剥采比为 2. 58m^3/m^3。境界内矿岩量见表 4. 2。

表 4.2 分层矿岩量

水平 /m	矿石 /m^3	岩石 /m^3	矿石 /t	岩石 /t	矿岩合计 /m^3	分层剥采比 /$t \cdot t^{-1}$
20	570144	18570	2337590	59424	588714	0. 03
32	771420	59382	3162822	190022	830802	0. 06
44	956298	233232	3920822	746342	1189530	0. 19

续表 4.2

水平/m	矿石/m³	岩石/m³	矿石/t	岩石/t	矿岩合计/m³	分层剥采比/t·t^{-1}
56	1077510	475596	4417791	1521907	1553106	0.34
68	1121010	961374	4596141	3076397	2082384	0.67
80	1171980	1449120	4805118	4637182	2621100	0.97
92	1189188	1819068	4875671	5821018	3008256	1.19
104	1184076	2213922	4854712	7084550	3397998	1.46
116	1200474	2594040	4921943	8300928	3794514	1.69
128	1210722	2985390	4963960	9553248	4196112	1.92
140	1220202	3555222	5002828	11376710	4775424	2.27
152	1237392	4207068	5073307	13462618	5444460	2.65
164	1217844	4544658	4993160	14542906	5762502	2.91
176	1156326	4739844	4740937	15167501	5896170	3.20
188	1105986	4713648	4534543	15083674	5819634	3.33
200	1011959	4400227	4149034	14083674	5412186	3.39
212	815915	4247083	3345253	13590664	5062998	4.06
224	599310	4287468	2457171	13719898	4886778	5.58
236	286580	1560000	1174978	4992000	1846580	4.25
总量	19104336	49064912	78327781	157010663	68169248	2.00

最终境界如图 4.20 和图 4.21 所示。

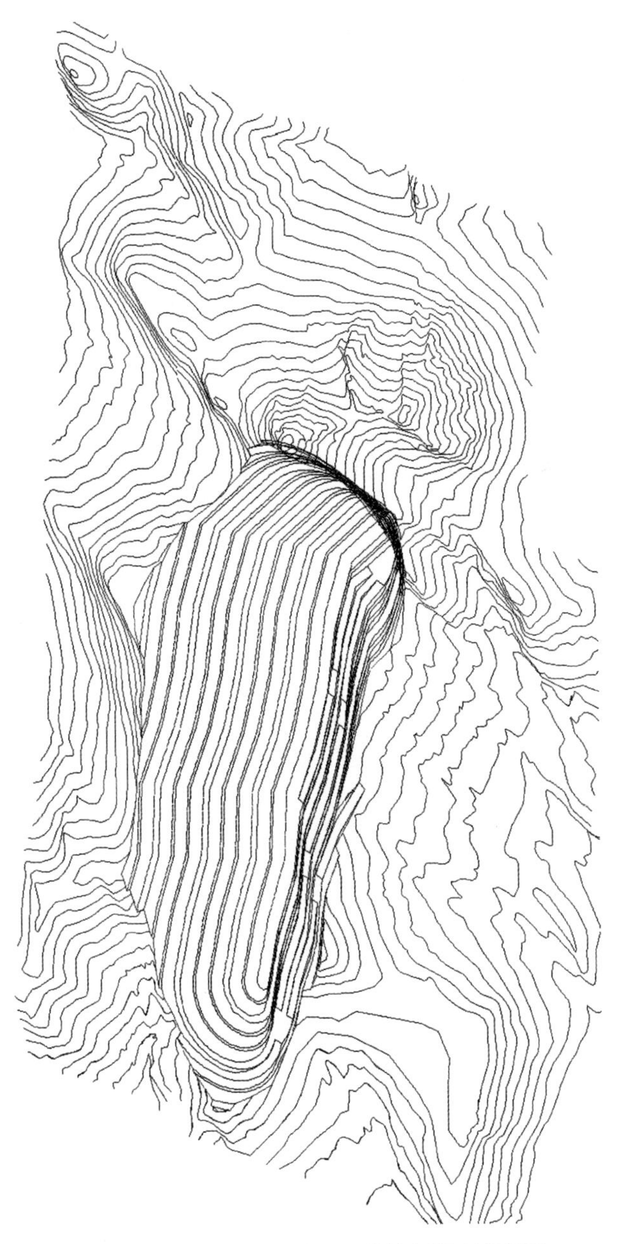

图 4.20 某矿山最终境界三维线框模型截屏图

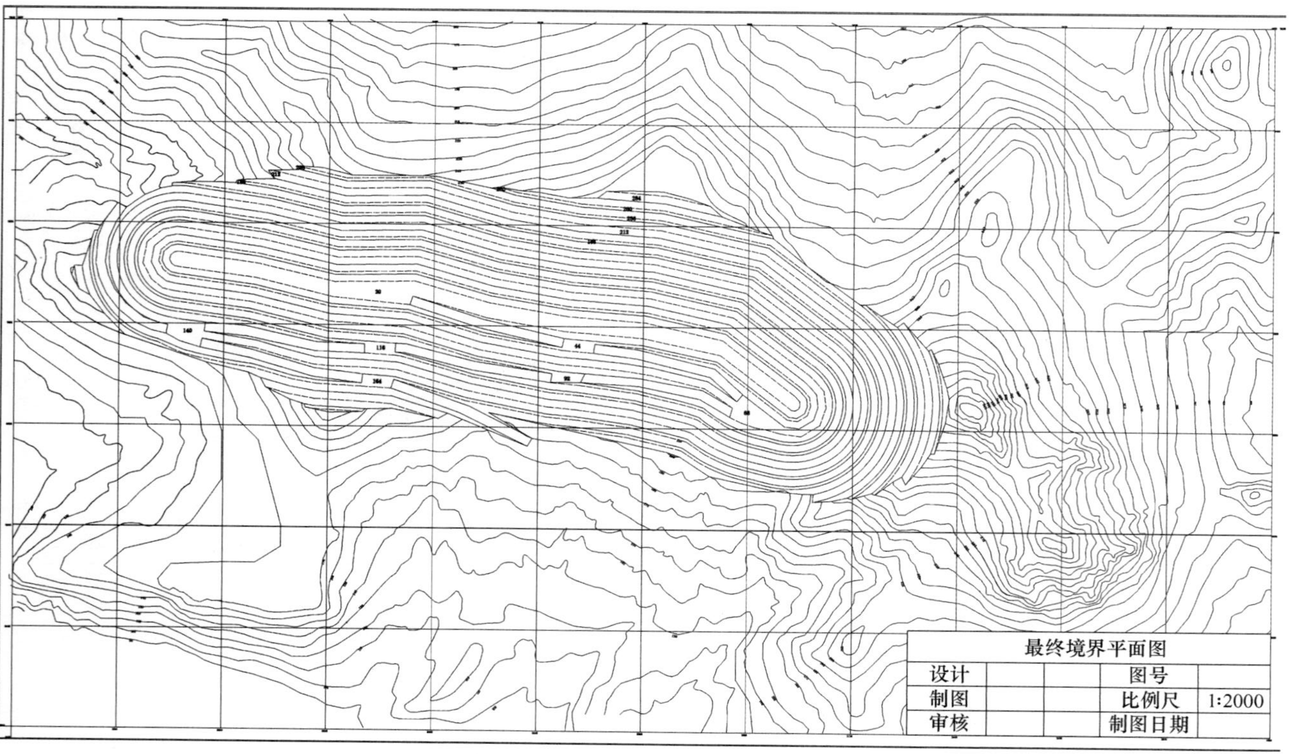

图4.21　某矿山最终境界图（截屏图）

5 露天矿进度计划辅助设计技术

露天矿采掘进度计划全面确定露天矿在各个时期的空间发展、设备投入数量及劳动力的多少，是对矿山生产能力进一步验证的重要手段，是矿山初步设计和矿山生产设计的重要内容，对资源的利用、企业的效益和企业能否持续均衡生产等都有重大影响。

露天矿采掘进度计划分长远和短期计划两种，长远计划一般按10年为期限编制。设计院一般编制长远计划，而矿山生产只编制短期采掘进度计划，分年、季和月三种，又叫生产作业计划。

手工法编制采掘进度计划是在矿山平面图上圈定计划开采范围，使用求积仪计算出开采范围的各种矿、岩面积，换算成体积或重量，核算生产能力，如果不符合要求，需要重新调整工作线位置，重新计算矿岩量，再进行配铲工作。直到完成所有计划期限的计划安排，绘出采掘进度计划表、采场期末的开采综合平面图及逐期矿岩发展曲线和图表。采掘进度计划编制是一个反反复复的过程，非常烦琐。

自20世纪80年代初，矿业系统工程学者开始对矿山进度计划计算机编制方法进行研究，有两种方式：优化方法和模拟方法。

由于采掘进度计划编制受复杂多变的地质条件、开采技术条件的影响以及采剥关系的空间制约，经过优化后的方案往往很难适应生产工艺的要求。另外，由于优化方法只能就某一方面进行优化，不同矿山，其优化的目标也不同，因此很难建立起统一的优化数学模型，目前进度计划优化方法没有成功的应用实例。

目前，计算机编制采掘进度计划主要采用模拟法。20世纪90年代开始在AUTOCAD环境下进行采掘进度计划编制，借助于AUTOCAD的图形处理功能，使用高级语言或AUTOLISP语言开发采掘进度计划编制CAD辅助设计软件。实际上，AUTOCAD只是一个作图工具，配合一些简单的辅助计算，减轻进度计划编制过程中繁杂的改图和计算储量的手工作业。这种基于AUTOCAD的模拟法，由于受 AUTOCAD 的种种限制，因此难有进一步的发展。

本书也采用模拟方法，是一种基于三维矢量块段矿床模型下模拟露天开采和模拟手工编制计划相结合的辅助设计方法。

5.1 长期进度计划辅助设计

进行采掘计划编制，需要准备的数据如下：

（1）三维矢量块段矿床模型。包括矿岩品种、矿岩性质、矿种品位、矿岩界线等，用于计算开采矿岩量、生产剥采比等。

（2）现状线文件。它反映了矿山目前已开采的情况，采剥计划是在现状条件下进行编制的。

（3）境界范围线。用于控制计划推进线不超出开采境界范围。

（4）基本参数。台阶坡面角、台阶高、封闭圈标高、最高台阶标高、最低工作台阶标高、采区长、最小平盘宽、电铲数据等。

采掘进度计划编制的思路是：提供基本作图功能，采用人机交互的方式编制采掘进度计划，先手工圈出拟开采范围，结合三维矢量块段矿床模型，自动计算出拟开采范围内各种矿、岩量，可以多次圈定拟开采范围，也可以删除、修改计划推进线，直到产量和生产剥采比达到计划要求，并提供新水平准备、坑线的布置、配铲、计划报表、年末图、矿山发展曲线等进度计划编制实用工具，完成整个进度计划编制工作。

进度计划流程图如图 5.1 所示。

5.1.1 工作线推进

在编制采掘进度计划过程中，需要频繁进行计划推进线的交互绘制，因此需要实现一个类似 AutoCAD 的画线、修改等绘图功能，方便计划员设计合理的计划推进线序列，从而自动圈出各推进线的采掘推进范围，结合矿床模型实现矿、岩量的计算。

采掘进度计划编制是个反复的过程，先绘制几条推进线，然后计算出矿岩量，汇总后，核对是否满足年产量要求，同时比较生产剥采比，根据这些条件决定矿岩量是否要重新调整，因此需要将每条计划推进线编号，可以删除不合适的推进线，也可以再增加或修改几条推

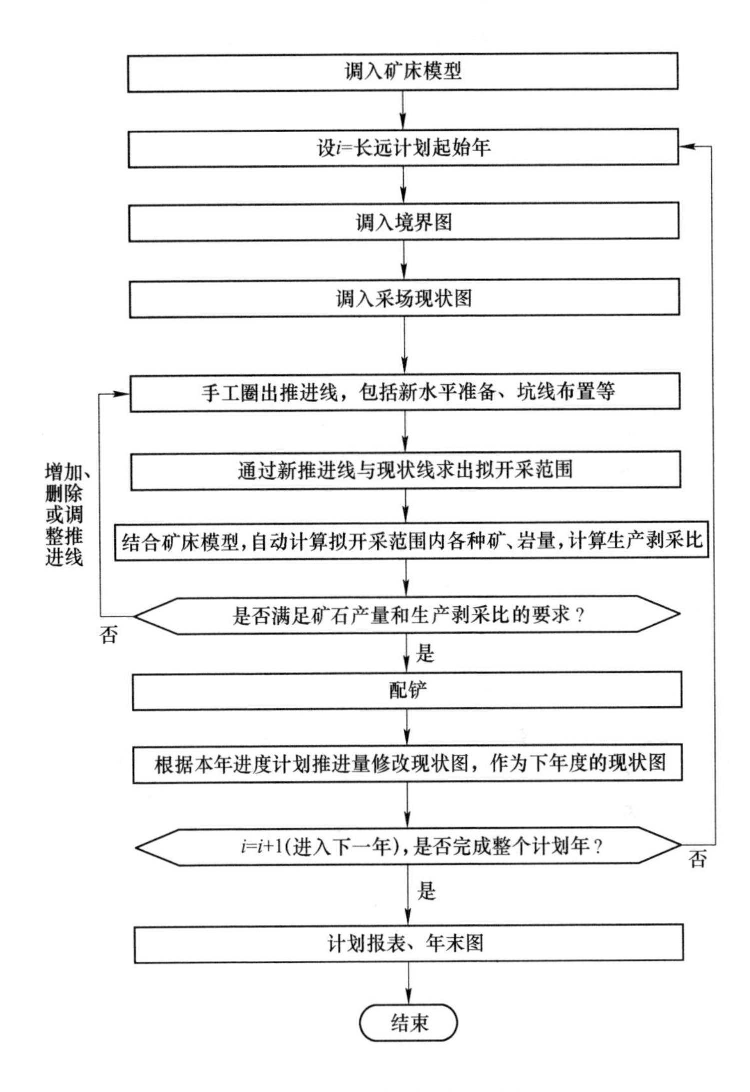

图 5.1 进度计划编制的流程图

进线，以调节拟采掘的矿、岩量。

如图 5.2 所示，采用橡皮筋画线功能辅助设计进度计划推进线，并给推进线编号。

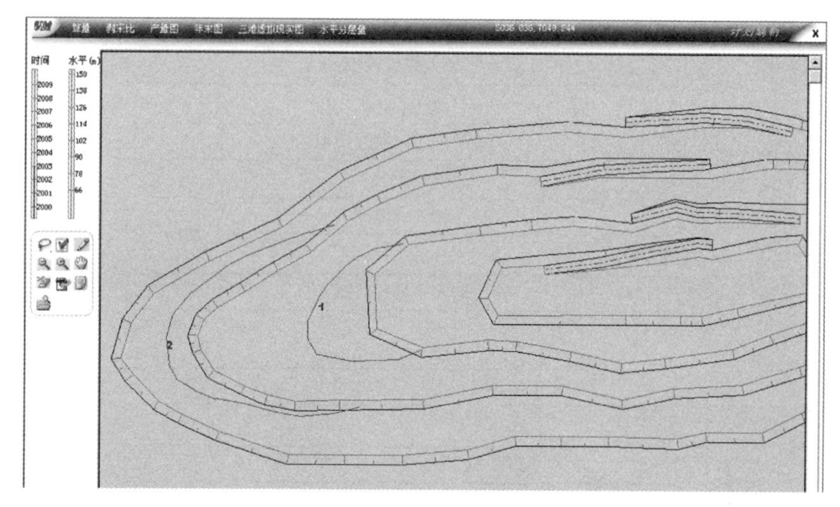

图 5.2 推进线的编辑

实现作图功能，必须建立屏幕的坐标系，并在屏幕上实现交互绘图的功能，下面介绍有关内容。

5.1.1.1 屏幕坐标系

计算机屏幕上作图，其坐标系与数学直角坐标系不同，屏幕左上角为原点（0，0），x 轴方向相同，y 轴方向相反，如图 5.3 所示。本书数字矿山坐标系与数学直角坐标系是一致的，因此，数字矿山坐标系需要经过转换，且需要进行缩放。

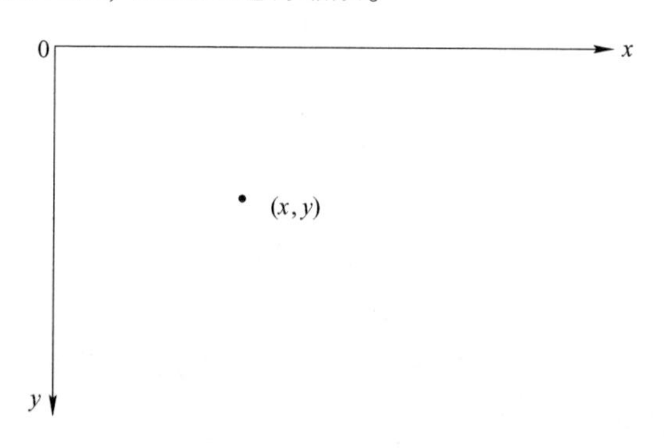

图 5.3 计算机屏幕坐标系

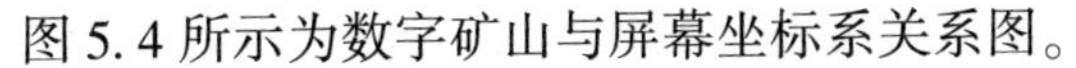
图 5.4 所示为数字矿山与屏幕坐标系关系图。

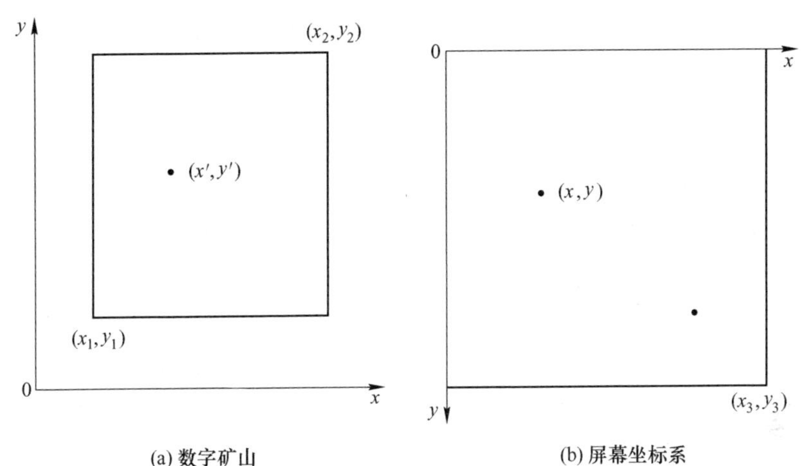

(a) 数字矿山　　(b) 屏幕坐标系

图 5.4　数字矿山与屏幕坐标系关系

设数字矿山图纸框左下坐标为（x_1，y_1），右上坐标为(x_2，y_2)，现将该图纸完整在屏幕上绘制出，设屏幕右下坐标为（x_3，y_3），则绘图比例 κ 为：

$$\kappa = \min\left(\frac{x_3}{x_2 - x_1},\ \frac{y_3}{y_2 - y_1}\right) \tag{5.1}$$

数字矿山图纸上的点（x'，y'）对应屏幕上的点（x，y）的关系为：

$$\begin{aligned} x &= \kappa(x' - x_1) \\ y &= y_3 - \kappa(y' - y_1) \end{aligned} \tag{5.2}$$

5.1.1.2　屏幕上绘制复线的作图算法

屏幕上绘制复线的基本过程是先选择颜色，自动记录推进线编号，并提示选择所画计划推进线水平标高。计算机在屏幕上绘制复线的方法是：已知起始两点坐标，利用“Line（）”语句画出起始直线，之后鼠标移到新点使用“LineTo（）”汇出下一点，直到双击结束。

5.1.1.3　橡皮筋算法的原理和实现

橡皮筋算法，就是直线的一端固定，拉着直线的另一个端点，不断调整直线的位置，直到找到合适的位置后，直线才真正地画出来，前面的线不保留；就是不断地擦除刚画过的线，只保留最后的一根直线。

但在计算机绘图中，没有擦除的方法，而是用反色覆盖掉原来的图像，也就是不断地用反色重画前面画出的线。

利用 WINDOWS 绘图模式中的“异或”的绘图特性。即在屏幕上用异或的模式画图形，然后再用异或的模式在相同的位置重新画一次此图形，就会在屏幕上擦掉上一次所绘制的内容。

具体在程序中：（1）当按下鼠标左键时，用异或的绘图模式在屏幕上画图形；（2）当鼠标移动后，先用异或的绘图模式擦掉上次绘制的图形，然后在新的位置绘制图形；（3）当鼠标左键被抬起时，在最终的位置用正常的颜色重新绘制图形。结束。

5.1.2　推进量计算方法

5.1.2.1　推进圈的提取算法

在绘制推进线时，绘制的推进线两端点必须跨越旧工作线的坡顶线或坡底线，以便求出新推进圈，根据推进圈调用矿床模型计算矿岩量。采用橡皮筋工具绘制推进线，还可使用回退或扩展、删除等修改功能调节推进线所包含区域的大小功能，如图 5.5 所示。完成了手工绘制推进线之后，需要进行推进量的计算和计划后采场工作线的求解。

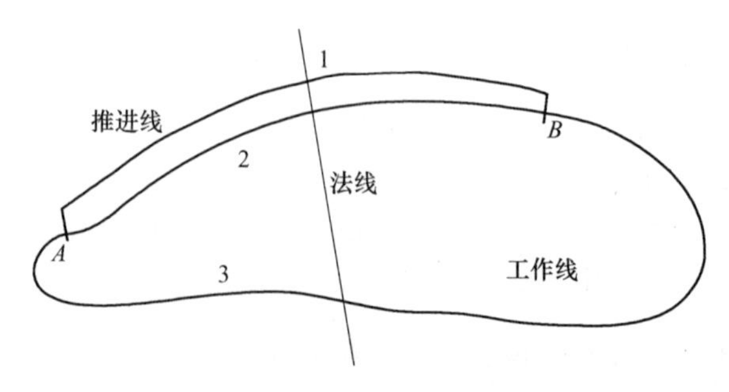

图 5.5　推进范围的确定方法示意图

算法为：采用逐段求交法计算推进线与工作线的交点，如果无交点，说明工作线整个向外扩了一圈，推进圈为环状，外环为推进线，内环为工作线；如果交点个数大于1，通常为2，如图5.5所示，在工作线外绘制了一条推进线1，推进线1与工作线相交于A和B两点，将工作线分割为弧2和弧3两段，由图中可以看出，推进线1可以和弧2或弧3分别围两个区域，需要判定到底哪个区域才是推进量，由图中也可以看出，应该是弧1与中部的弧2构成闭合多边形。

可以在推进线1的中点处作法线，交2和3段，找出离推进线中点最近的交点所在的那段弧，图5.5中为弧2，即推进量为这段（弧2）与推进线1所围成的区域，将其首尾连接即得到推进圈，图5.6所示为算法框图。

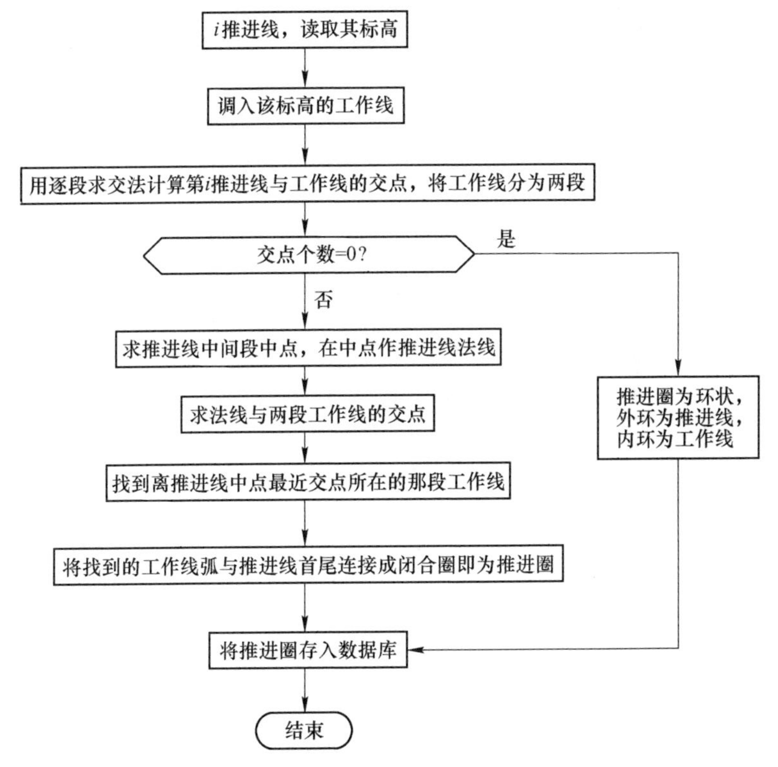

图5.6 推进圈的提取算法框图

5.1.2.2　推进量的计算

调用矿床模型，对推进范围与每个矿岩体求公共部分，计算出推进范围内各种矿岩量，算法与 2.3 节“开采储量的算法”相同，如图 5.7 所示。

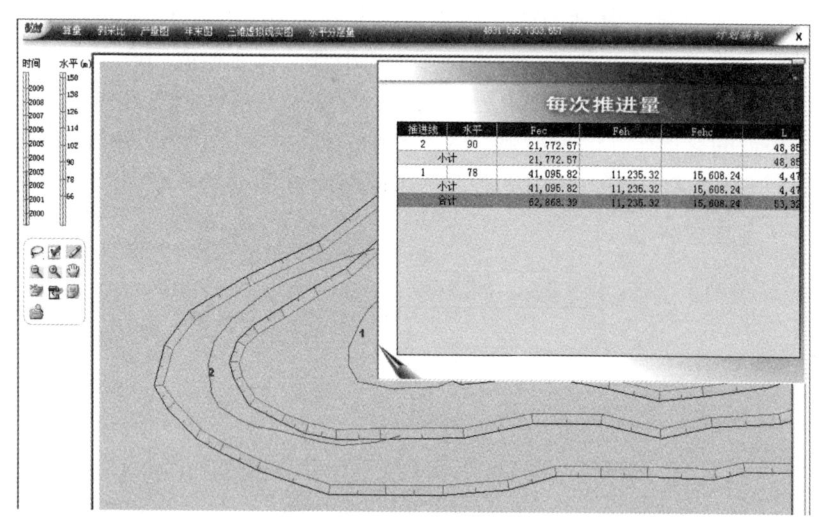

图 5.7　推进量的计算

推进圈计算的程序伪代码为：

```
Sub miningquantity ( )
提取上、下分层推进圈
For i=1 to k′m 为矿床模型上分层矿、岩闭合多边形数
    For j=1 to m′m 为推进圈数
        上分层第 j 推进圈与第 i 矿、岩闭合多边形的公共区域，生成新
        的闭合多边形求新的公共区域闭合多边形面积 S1
        下分层第 j 推进圈与第 i 矿、岩闭合多边形的公共区域，生成新
        的闭合多边形求新的公共区域闭合多边形面积 S2
        用 S1 和 S2 求体积 Vj=(S1+S2)h/2
    Next j
Next i
End sub
```

5.1.2.3 采场工作线的修改算法

推进线确定后，该分层采场工作线发生了变化，变为推进线与原工作线所围成的最大的区域，图 5.5 所示为推进线 1 和弧 3 所围成的区域。在上步已经找出中间的那段弧，另外的那段弧与推进线围成的区域，即为修改的采场形态。

采场工作线的提取算法如图 5.8 所示。

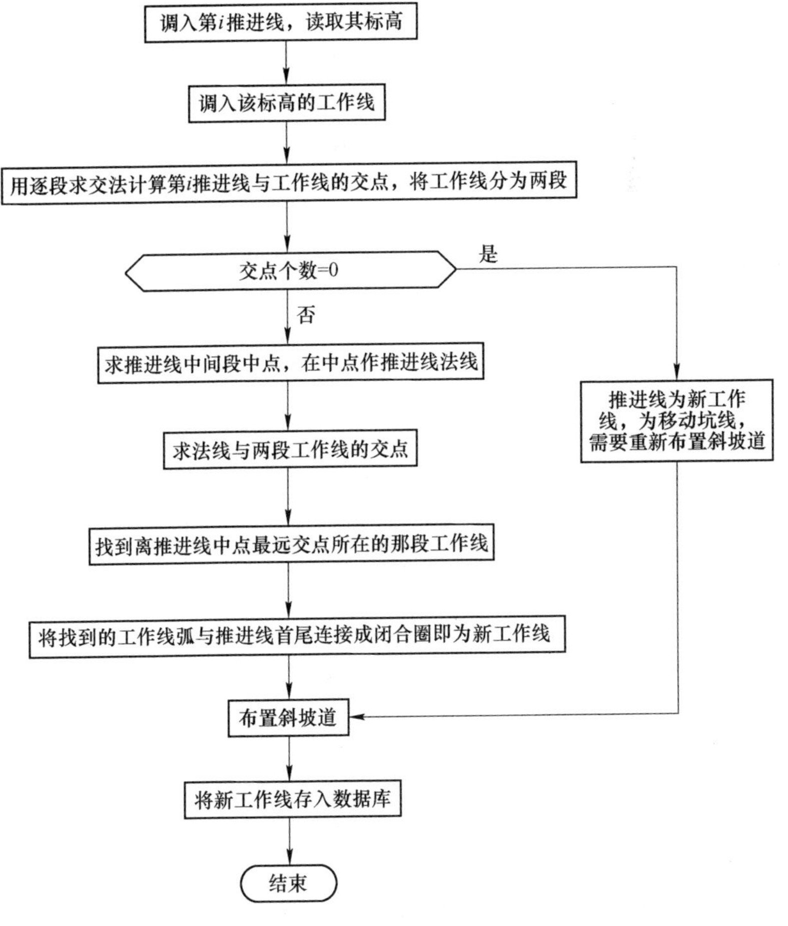

图 5.8 采场工作线的提取算法框图

5.1.3 坑线布置

矿山开拓系统有固定坑线和移动坑线两种，在编制进度计划圈定新的推进线或新水平掘进时，牵涉斜坡道的布置问题。根据斜坡道的结构特点，斜坡道由斜坡路面和路两侧坡线组成，如图 5.9 所示。

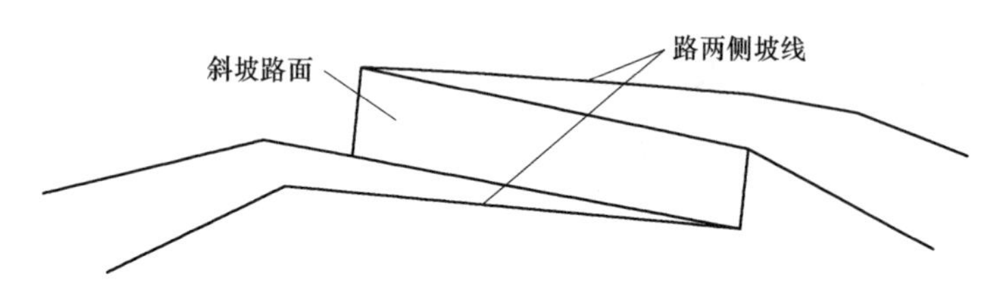

图 5.9　斜坡道的结构

为了简化斜坡道设计的操作过程，尽可能以最少的操作步骤完成，实际上，斜坡道的布置只有位置和方向两个参数，因此在布置斜坡道时只要求指出斜坡道位置和左右方向，如图 5.10 所示。

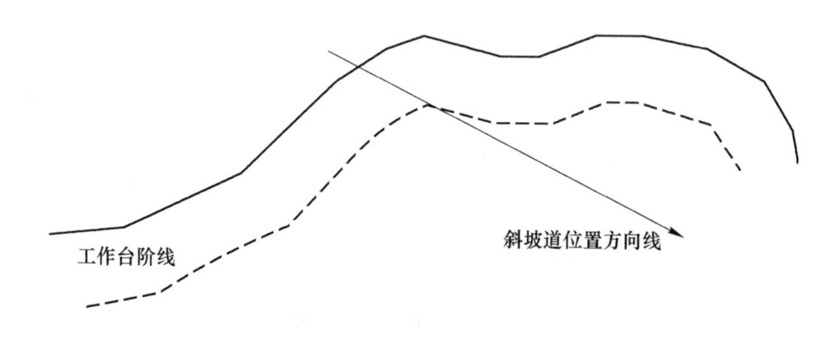

图 5.10　斜坡道的布置简化操作方法

由图 5.11 可以看出，新的斜坡道由路面线 1~4 和路两侧坡线 5~9 组成，需要生成 1~9 线，其算法如下：

先找出 1 线，求出斜坡道位置方向线与工作台阶坡顶线的交点 A，再找到斜坡道位置方向线与工作台阶坡顶线的最小夹角的一侧，得到图中的 8，从交点 A 开始，沿着 8 线逐点作坡顶线的角平分线，在角平分线上截取一段长度 d_i。

$$d_i = d_p l_i / L \tag{5.3}$$

式中，d_i 为从 A 开始沿着 8 线第 i 点角平分线上截取长度；d_p 为台阶坡顶线与坡底线间的距离，为已知条件；l_i 为从 A 开始沿着 8 线到第 i 点累计长度；L 为斜坡道的长度，与斜坡道坡度有关，为已知条件。

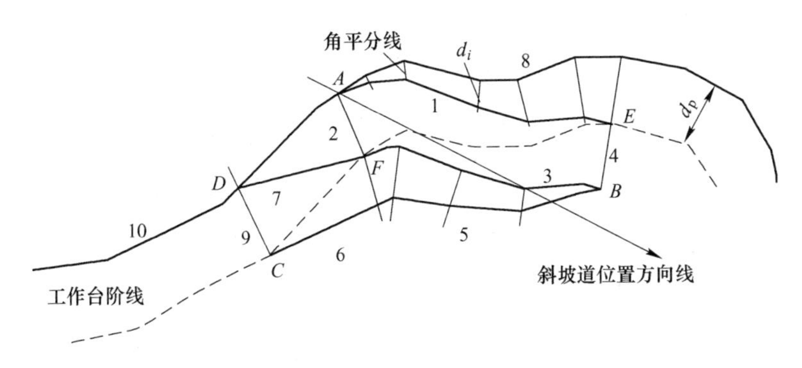

图 5.11 斜坡道的布置算法

得到 1 线上各点，直到 l_i 为从 A 开始沿着 8 线到第 i 点累计长度等于斜坡道长度为止，将这些点连接成 1 线，再重新计算；从 A 点沿着 1 线计算累计长度，在 1 线上截取一段长度等于斜坡道长度的线段，即为 1 线的最终线，设 1 线另一端端点为 E。

将 1 线向与 8 线反方向作平行线得到 3 线，连接 1 线和 3 线两端得到 2 线和 4 线，形成斜坡道的坡面。

再由 3 线反方向求斜坡面另一侧的坡底线 5，算法与求 1 线相近，即从 B 点沿着 3 线逐点作角平分线，截取一段长，得到 5 线的各点，连接起来，将最后一段延长交工作台阶坡底线于 C 点，得到 6 线。

过 C 点作工作台阶坡底线法线，交坡顶线于 D 点，连接 D 点与 3 线另一端 F 点得 7 线。

剪掉工作台阶坡底线 D 点到 E 点中间段和工作台阶坡底线 D 点到 A 点中间段，完成整个斜坡道的布置工作。

斜坡道生成算法框图如图 5.12 所示。

图 5.13 为该算法几个斜坡道的设计效果截屏图。

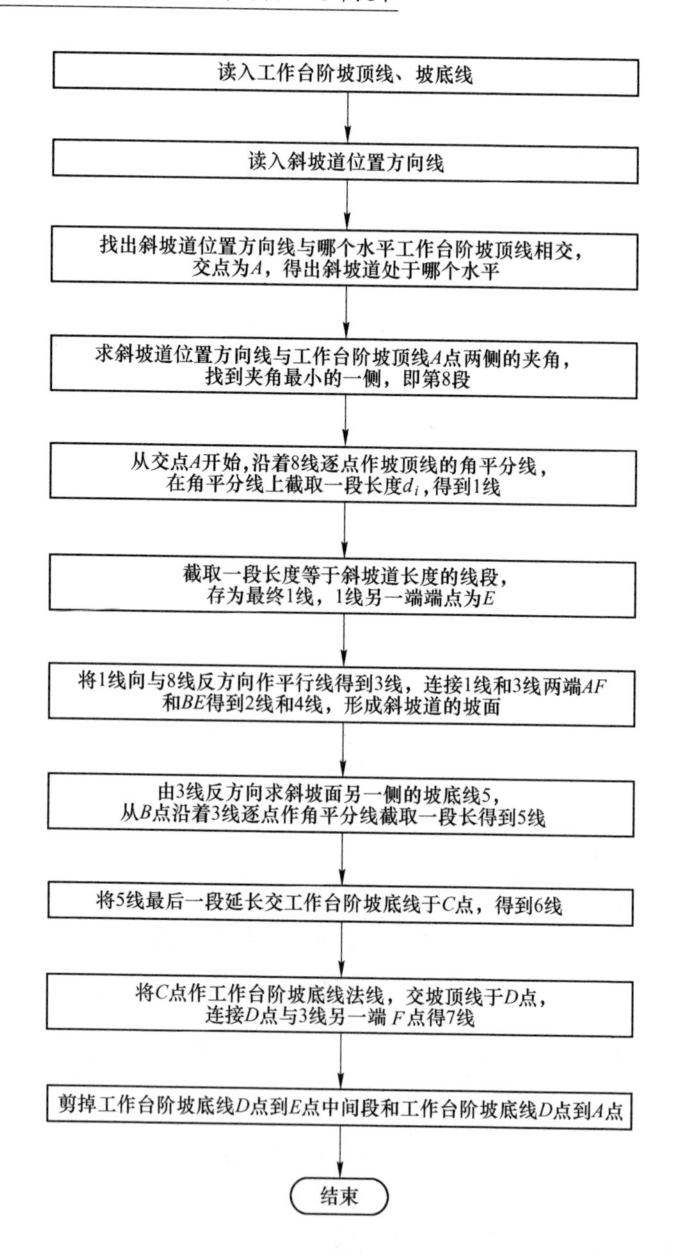

图 5.12　斜坡道生成算法框图

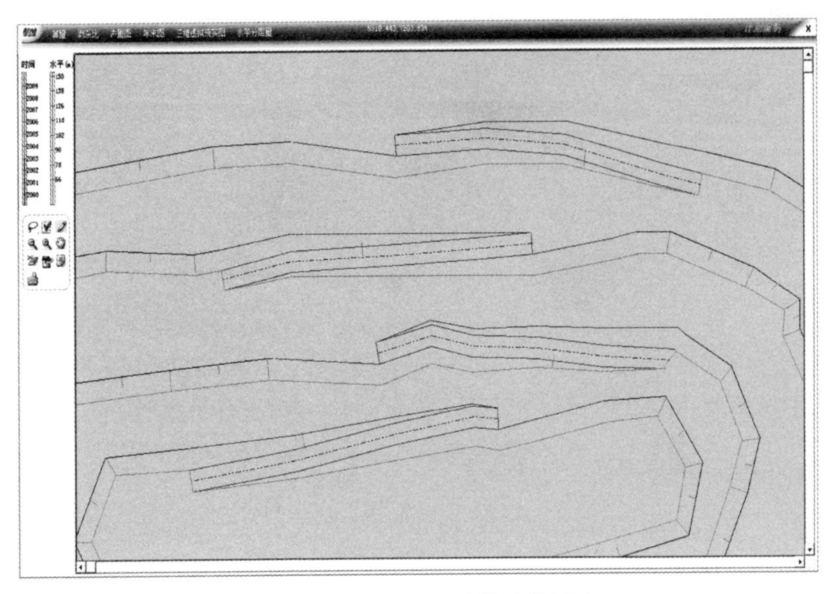

图 5.13 斜坡道的设计效果截屏图

5.1.4 配铲

露天矿采掘进度计划除了安排年末的工作线推进位置外，还要计算穿爆、采装、运输、排土和机修等主要生产工艺和辅助车间的生产能力，找出薄弱环节，制定相应的措施计划。一般来说，电铲的生产能力是采矿中最薄弱的环节，所以一般采用配铲来验证进度计划的合理性。

得到每次推进量之后，采用表格的方式选择电铲，进行配铲，把所有推进量落实到电铲；同时，生成进度计划表，如图 5.14 所示。

5.1.5 进度计划报表及出图

在完成各计划年度计划后，都必须将年末工作线、推进矿岩量以及每年配产情况等数据保存到数据库，最后以 DXF 形式生成矿山采掘计划表、采掘计划年末图、矿山发展曲线。

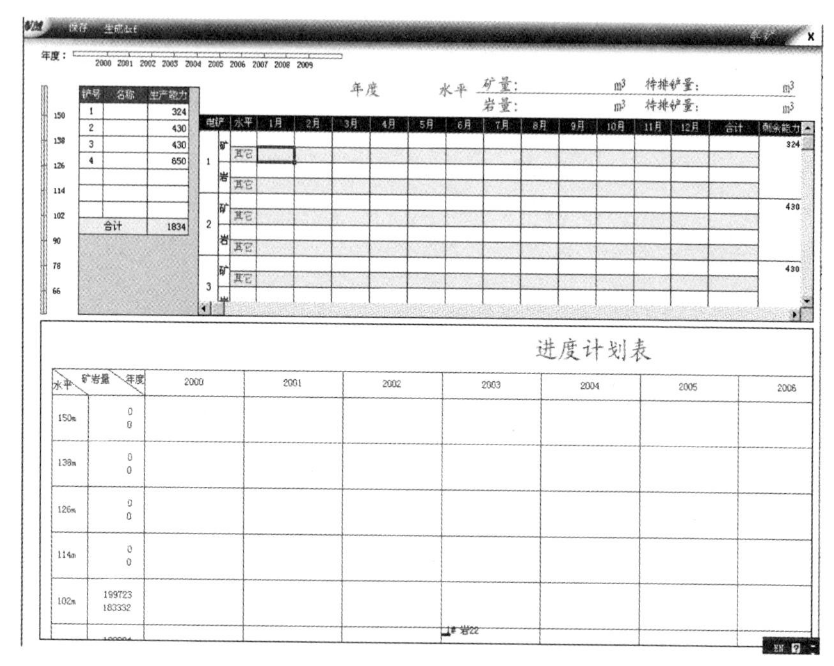

图 5.14　配铲及进度计划表的生成

DXF 文件是 AutoCAD 与其他软件进行数据交换的文件格式，DXF 文件是由组码及其对应的值对组成，代码表示其后值的类型。每个组码和值都各占一行，可以直接采用 ASCII 格式，用文本编辑器即可打开其代码，只需按其格式书写即可，高级语言直接写入 ASCII 数据文件即可，因此 DXF 生成比较简单，采掘进度计划的报表都采用 DXF 形式生成。

DXF 文件的结构主要包括以下段落：

（1）HEADER 段，主要包含一些基本信息；

（2）CLASSES 段，包含类信息，这些类出现在 ENTITIES 实体段中；

（3）TABLES 段，包含 APPID、BLOCK_RECORD、DIMSTYLE、LAYER、LTYPE、STYLE、UCS、VIEW、VPORT 符号表的定义；

（4）ENTITIES 段，这段是 AutoCAD 图形实体；

（5）END OF FILE，文件结束标志。

采掘进度计划的报表里面只牵涉文字和复线，需要写入ENTITIES实体段。下面简单介绍文字和复线的DXF文件格式。

(1) 文字的DXF格式生成程序子过程代码：

```
Sub write_text (x As Double, y As Double, ly As String, txt As String,
rtate As Integer, size As integer) ' x, y 为文本 x, y 坐标, ly 为文本层
' 名, txt 为文本内容, rtate 为文本旋转角, size 为文本大小
  Print #1, "0"
  Print #1, "Text"    ' 表示为文本类
  Print #1, "8"
  Print #1, ly  ' 层名
  Print #1, "10"
  Print #1, x
  Print #1, "20"
  Print #1, y
  Print #1, "50"
  Print #1, rtate
  Print #1, "40"
  Print #1, size
  Print #1, "1"
  Print #1, txt  ' 文本内容
End Sub
```

(2) 复线由头、体和尾三部分组成，由DXF格式生成程序子过程代码：

```
' 复线头
Sub write_pline_head (ly As String)
  Print #1, "0"
  Print #1, "POLYLINE"    ' 表示为复线类
  Print #1, "8"
  Print #1, ly ' 层名
  Print #1, "66"
  Print #1, "1"
  Print #1, "10"
```

```
    Print #1, "0.0"
    Print #1, "20"
    Print #1, "0.0"
    Print #1, "40"
    Print #1, "2.0"
    Print #1, "41"
    Print #1, "2.0"
End Sub
' 复线体，该过程一次插入复线一个点（x，y）
Sub write_pline_body (x As Double, y As Double, ly As String)
    Print #1, "0"
    Print #1, "VERTEX"
    Print #1, "8"
    Print #1, ly
    Print #1, "10"
    Print #1, x
    Print #1, "20"
    Print #1, y
End Sub
' 复线尾
Sub write_pline_end ()
    Print #1, "0"
    Print #1, "SEQEND"
End Sub
' 复线生成主过程
Sub pline (px () as double, py () as double, st as integer, ed as integer, ly
as string)
' 其中：复线第 i 顶点坐标为（px (i), py (i)），需要画从第 st 到第 ed
点的一段线，ly 为 AutoCAD 图中层名
Dim x As Double, y As Double
write_pline_head ly
            For i = st To ed
                    write_pline_body px (i), py (i), ly
```

```
        Nex ti
write_pline_end
End Sub
```

长期进度计划的图表主要包括矿山 10 年发展曲线、进度计划表和各年度年末图，采用生成 AutoCAD 图的方法实现。

矿山 10 年发展曲线由矿石发展曲线、岩石发展曲线和矿岩发展曲线三根曲线组成，采用 x/y 直角坐标系表现，其生成框图如图 5.15 所示。

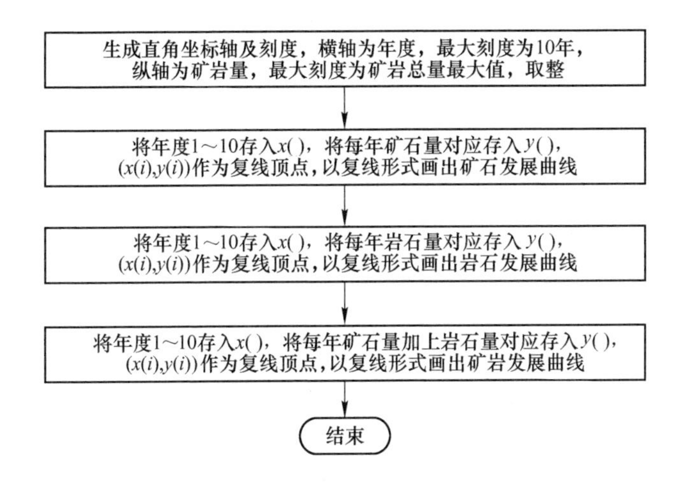

图 5.15 矿山发展曲线 AutoCAD 格式输出框图

进度计划表比较复杂，由三部分组成，左侧为分层矿岩量数据，下部为每年矿岩量、电铲数、剥采比数据，右侧为每个分层每年电铲安排情况，以文字和横竖线表示，文字通常为“矿量+岩量=矿岩量”形式，表示各电铲在当前年当前分层安排的产量，横线通常表示电铲生产的月份，一格分成 12 个月，竖线表示电铲服务分层的变动情况。进度计划表绘制程序伪代码为：

```
Sub Schedule_table ( )
  读入矿山台阶数 nb、台阶标高
  读入电铲数，每台电铲每年生产情况数据
  读入每个分层矿石岩石量
```

```
  读入每年矿岩产量，计算每年剥采比
  计算生成进度计划表表格行列数，通过横竖线绘制表格
  ' 1）完成分层矿岩量数据部分
For i=1 to nb
  在表格左侧填入第 i 分层矿、岩及矿岩总量数据
Next i
' 2）完成年度产量数据
For i=1 to 10
  在表格下部，填入第 i 年矿、岩及矿岩总量和剥采比数据
next
' 2）完成年度排铲情况
for i=1 to 10
   for j=1 to nb
     计算第 i 年第 j 分层服务的电铲，服务电铲数为 n
     For k=1 to n
       计算第 k 号电铲在第 i 年第 j 分层服务的始末月份
       在对应月份绘横线
       横线上填写"矿量+岩量=矿岩量"数据
     Next k
   next j
next i
计算电铲服务分层的变动情况，添补电铲位置变化竖线
绘制图戳、边框线、裁切线等
End sub
```

进度计划各年度年末图是采掘进度计划最重要的图纸，以线条表示矿山各分层工作线年末所处的位置。第 i 年年末图绘制程序伪代码为：

```
Sub year_end_fig (i as integer)
读入第 i 年台阶数 nb 及台阶标高
For j=1 to nb
  读入第 i 年第 j 台阶坡顶线和坡底线
  以复线形式绘出坡顶线和坡底线，坡顶线为粗实线，坡底线为细虚线
```

```
            读入第 i 年第 j 台阶所有斜坡道线
            绘制斜坡道
        Next j
        标注水平高
        读入采场外的地形线，绘制地形线
        计算图形范围，绘制方格网、图戳、边框线、裁切线等
    End sub
```

5.2　短期进度计划辅助设计

短期计划[128]和长远计划的编制方法基本相同，唯一的区别是：短期计划是在长期计划圈定的年采掘范围内进行分摊到季或月的；且每个生产计划期末都需要经过采场测量验收，采场验收一般是通过全站仪将生成期末实际采场工作线扫描成 CAD 图，更新工作线现状图。

在长期进度计划编制功能的基础上，再增加一个调入长期计划线的功能，采用消隐算法。短期计划流程图如图 5.16 所示。

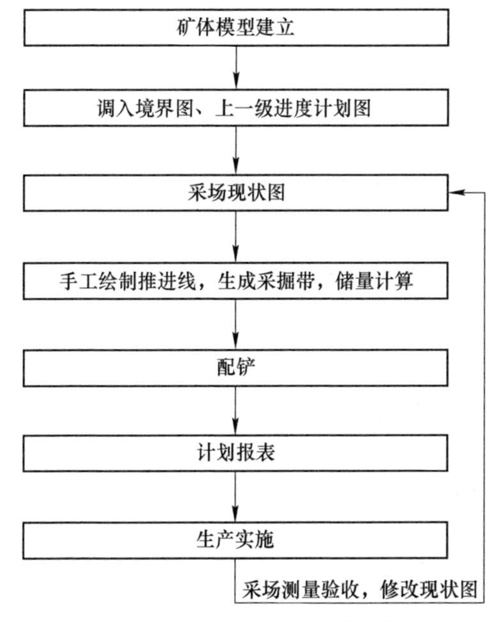

图 5.16　短期进度计划流程图

5.3　采掘进度计划编制实例

本实例对实际矿山（与 4.5 节境界圈定实例为同一矿山）逐年编制采掘进度计划，该矿山矿石生产能力为 500 万吨/年，属于大型矿山，服务年限为 15 年。

5.3.1　均衡生产剥采比

生产均衡剥采比：采用最大几个相邻分层的剥采比求平均的方法进行均衡，参考表 4.1 中分层剥采比，用 104~236m 十二个分层的分层剥采比求平均，如图 5.17 所示。

最后确定均衡生产剥采比为：$n_s=2.8\text{t/t}$。

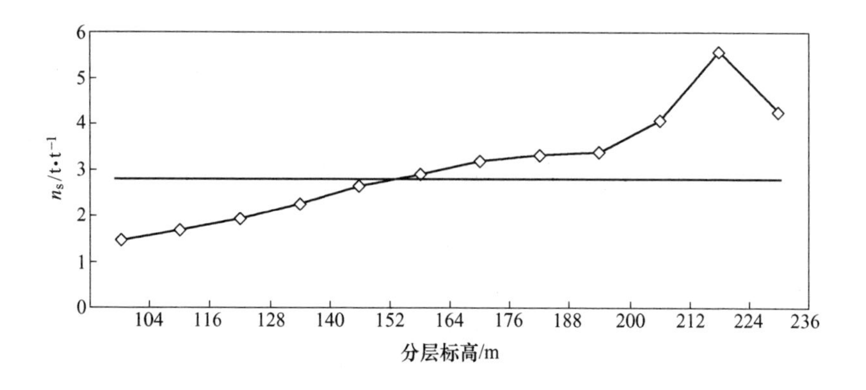

图 5.17　用最大的相邻几个分层剥采比均衡生产剥采比

5.3.2　基建工程

矿山基建期只剥离岩石，将矿区内标高 248m 以上的削平，236m 也推进见矿，共剥离岩石量为 1556 万吨，基建期为 1 年。在境界西端和南端修建了两条开拓公路，基建图如图 5.18 所示。

5.3.3　十年进度计划编制

采用 4 台 10m^3 电铲，年工作量 500 万吨。

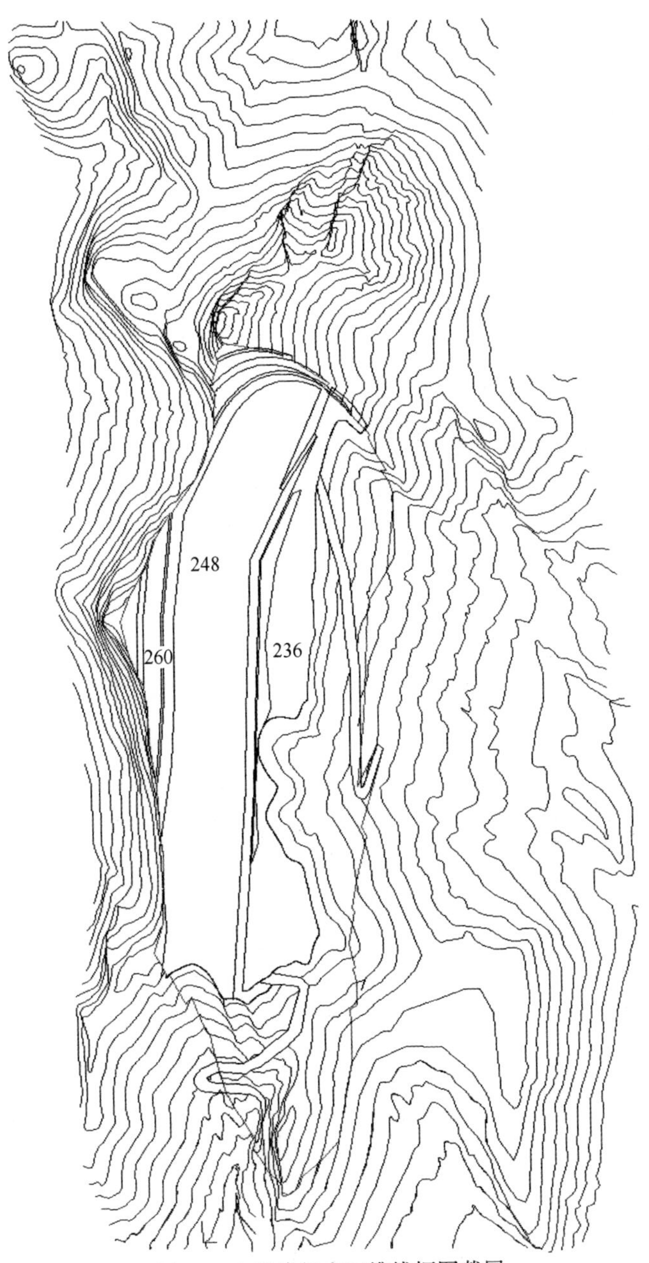

图 5.18 基建年末三维线框图截屏

（1）第 1 年。也是投产第一年。投产时矿石产量应大于 500 × 15% = 75 万吨。将 236m 水平推进靠帮，剥离岩石量为 499 万吨，采出矿石 117. 5 万吨，在 224 水平剥离岩石 812 万吨，采出矿石 200 万吨，共布置电铲 4 台。共开采矿石 317. 5 万吨，剥离岩石 1311. 2 万吨，采剥总量 1628. 7 万吨，生产剥采比为 4. 1t/t。

（2）第 2 年。也是投产的第二年，剥离岩石量为 1410 万吨，开采矿石 380. 5 万吨，生产剥采比为 3. 7t/t。

（3）第 3~10 年。第三年为达产年，达到 500 万吨矿石年产量，剥离岩石量为 1400 万吨，生产剥采比为 2. 8t/t，以后各年都按此安排。

矿山 10 年发展曲线如图 5. 19 所示，编排的逐年采掘进度计划见表 5. 1，逐年年末图如图 5. 20~图 5. 29 所示（图中数字为水平标高，是为了阅读清晰后标注的）。

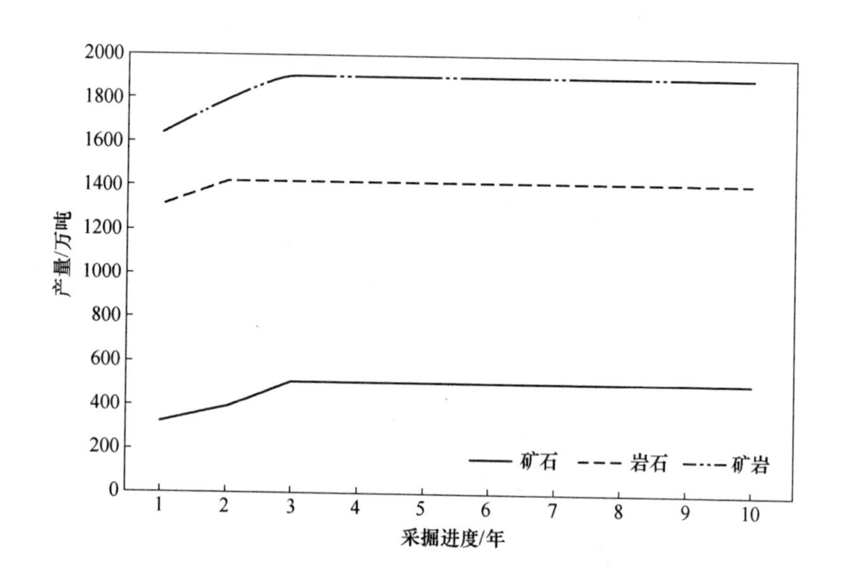

图 5. 19　矿山十年发展曲线

表 5.1 进度计划表

水平/m	矿石/万吨	岩石/万吨	矿岩/万吨	第1年	第2年	第3年	第4年	第5年	第6年	第7年	第8年	第9年	第10年
236	118	499	616.7	1#0+499.2									
				2#117.5+0									
224	246	1372	1618	3#0+499.5	3#0+500								
				4#0+312.5									
				2#200+0	2#46+60								
212	335	1360	1695		1#0+450								
					2#334.5+0	2#0+510							
					4#0+400								
200	415	1408	1823			3#0+500	3#0+510						
						4#415+0							
						1#0+278							
							2#0+120						
188	453	1508	1961			0+112	0+500	0+500	0+118				
						4#85+0	4#368+0						
							2#0+170						
								3#0+108					
176	474	1517	1991				4#132+0	4#342+0					
							2#0+100	2#0+500	2#0+500	2#0+100			
									1#0+132				
								3#0+185					
164	499	1454	1953					158+0	341.3+0				
								3#0+107	3#0+500	3#0+500	3#0+114		
										2#0+180			
152	507	1346	1853						4#158.7+0	4#348.6+0			
									1#0+150	1#0+500	1#0+500		
											3#0+196		
140	500	1120	1620							2#0+120	2#0+500	2#0+500	
										4#151.4+0	4#348.9+0		
128	496	955	1451									1#0+200	
											3#0+90	3#0+500	3#0+15
											4#151.1+0	4#343.3+0	
116	492	830	1322										3#0+130
												1#0+200	1#0+500
												4#156.7+0	4#339.5+0
104	160	605	765.3										1#0+500
													3#0+105
													4#160.3+0
图例:			矿石/万吨	317.5	380.5	500	500	500	500	500	500	500	500
			岩石/万吨	1311.2	1410	1400	1400	1400	1400	1400	1400	1400	1400
铲#矿+岩			矿岩总量/万吨	1628.7	1790.5	1900	1900	1900	1900	1900	1900	1900	1900
			生产剥采比	4.1	3.7	2.8	2.8	2.8	2.8	2.8	2.8	2.8	2.8

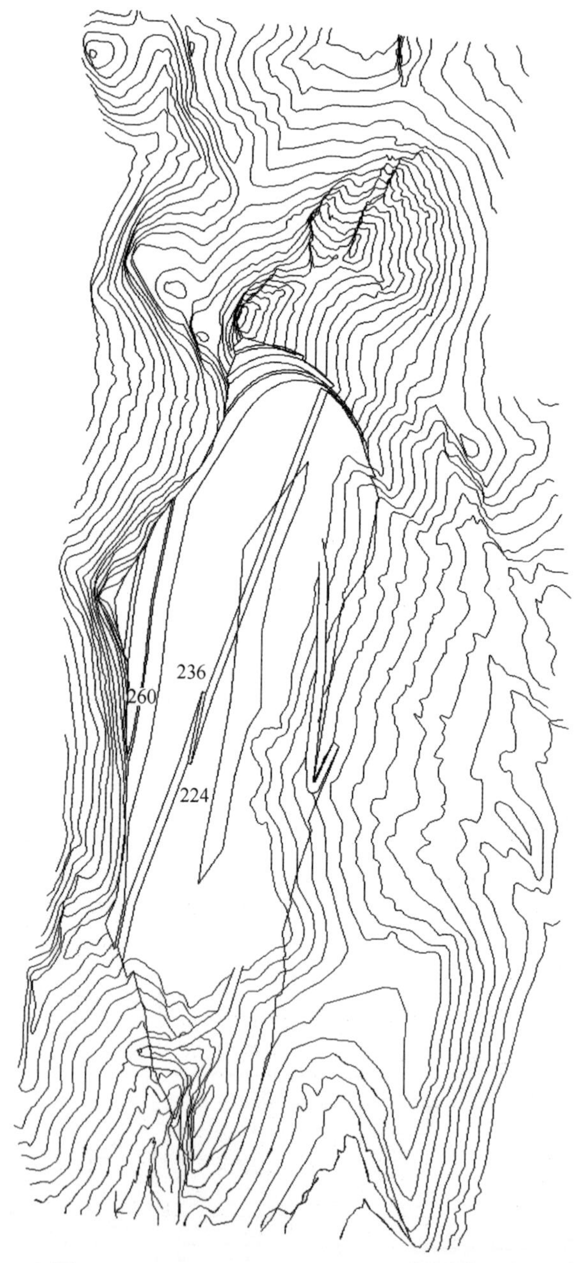

图 5.20　进度计划第 1 年年末三维线框图截屏

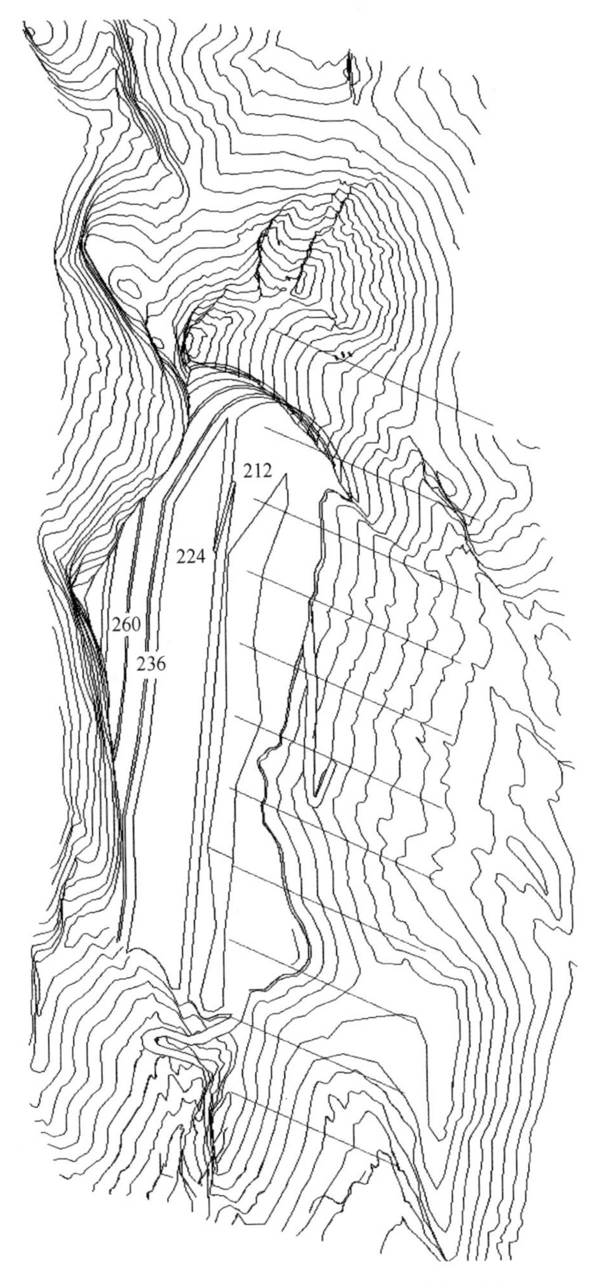

图 5.21 进度计划第 2 年年末三维线框图截屏

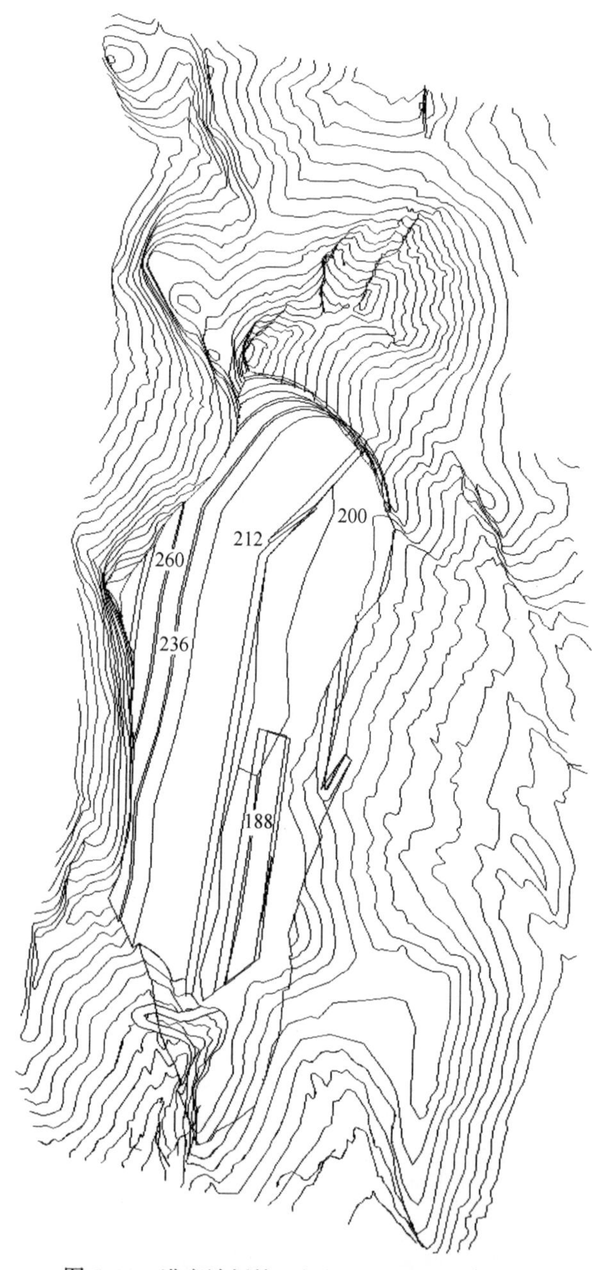

图 5.22 进度计划第 3 年年末三维线框图截屏

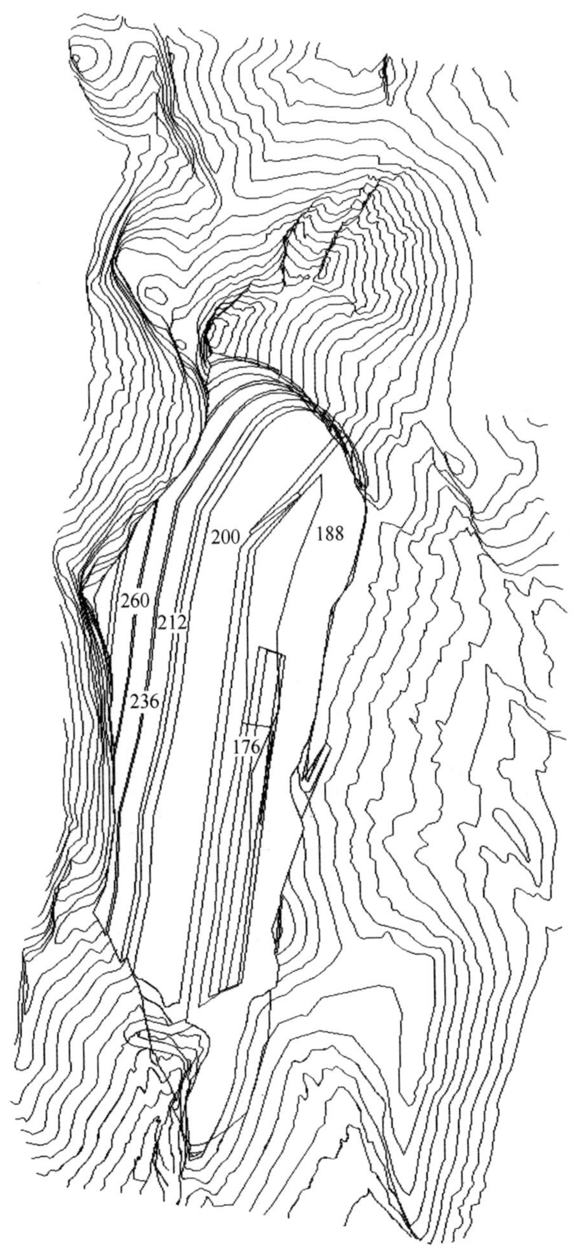

图 5.23 进度计划第 4 年年末三维线框图截屏

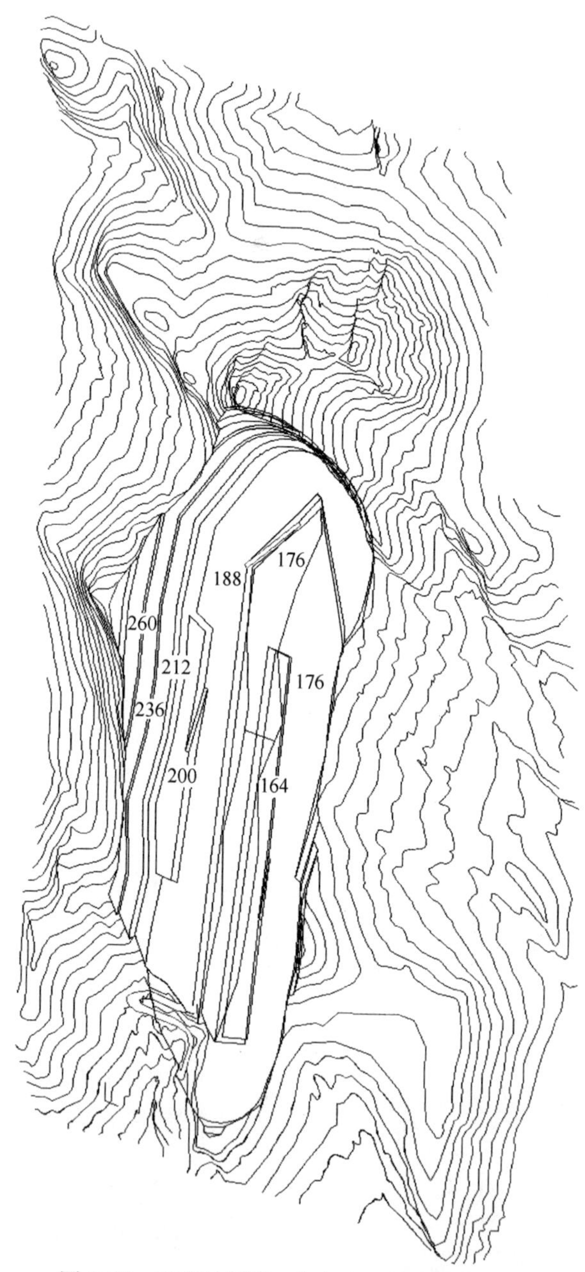

图 5.24　进度计划第 5 年年末三维线框图截屏

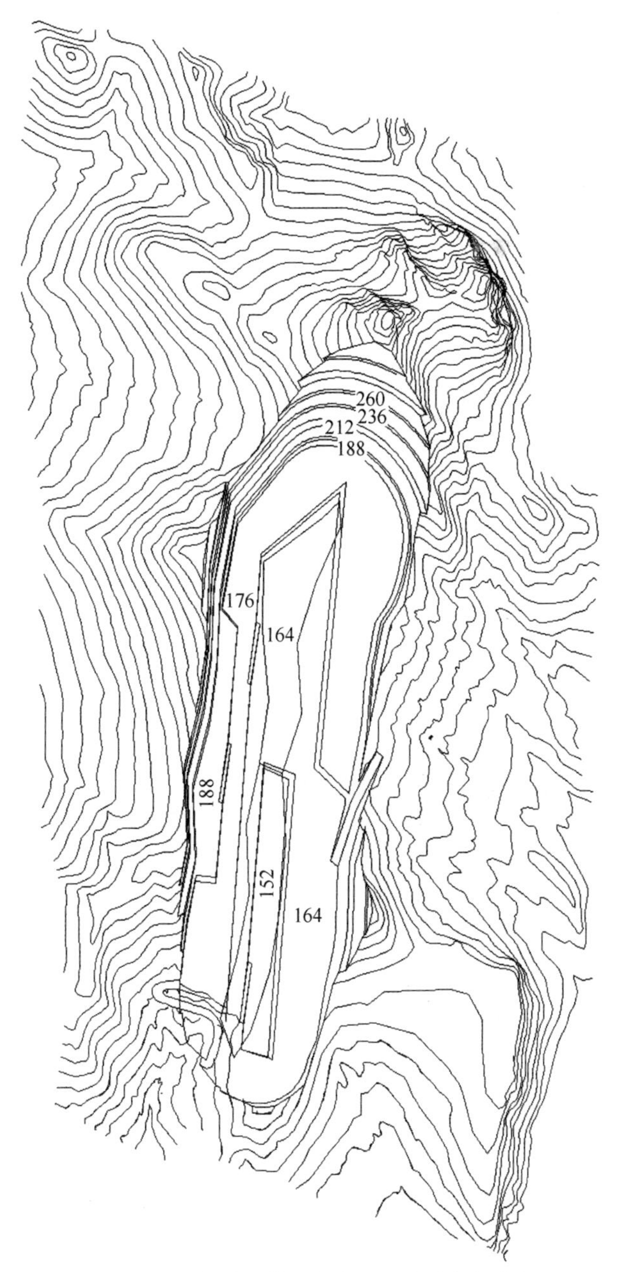

图 5.25 进度计划第 6 年年末三维线框图截屏

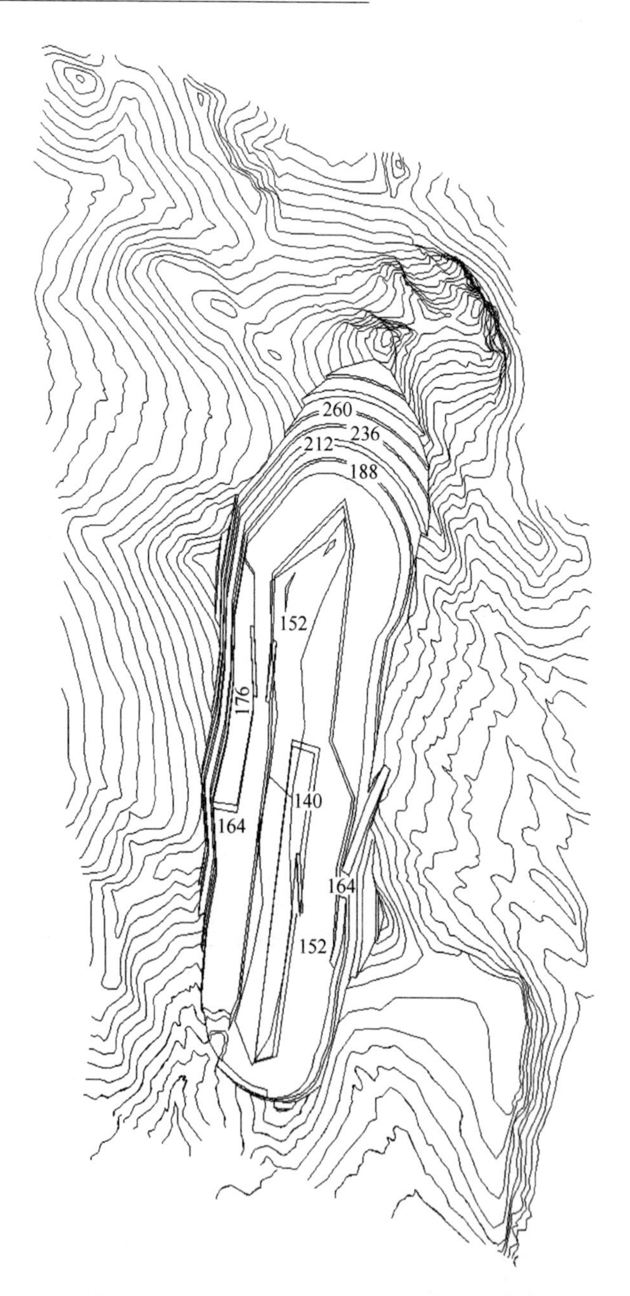

图 5.26　进度计划第 7 年年末三维线框图截屏

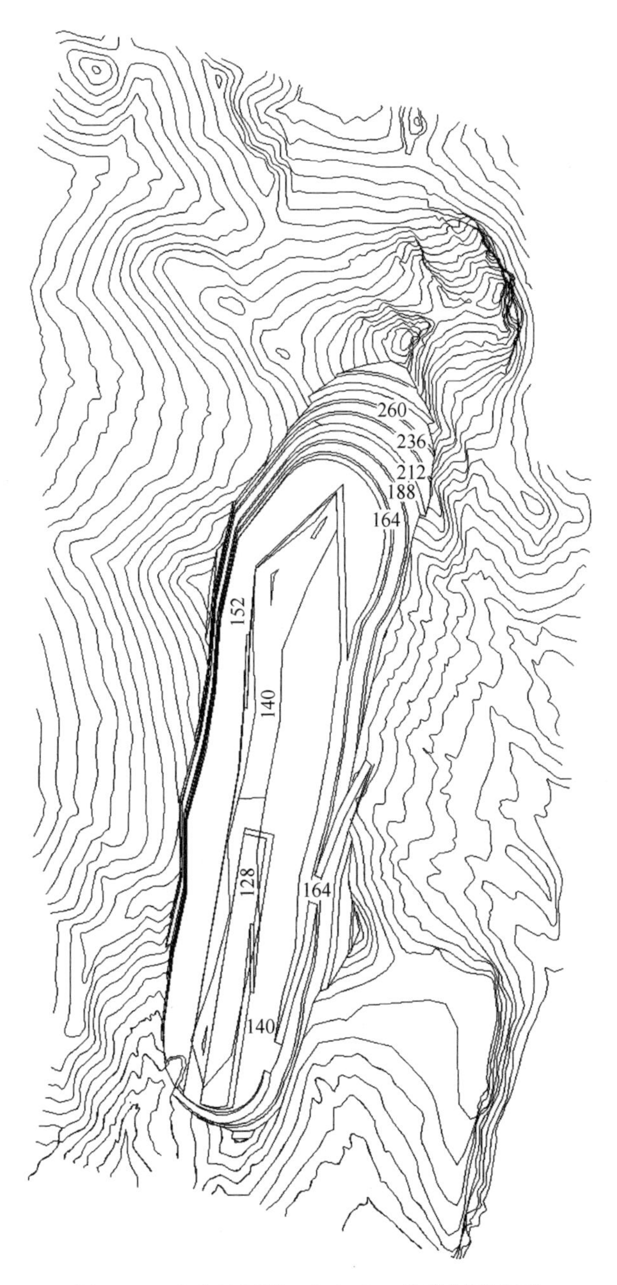

图 5.27 进度计划第 8 年年末三维线框图截屏

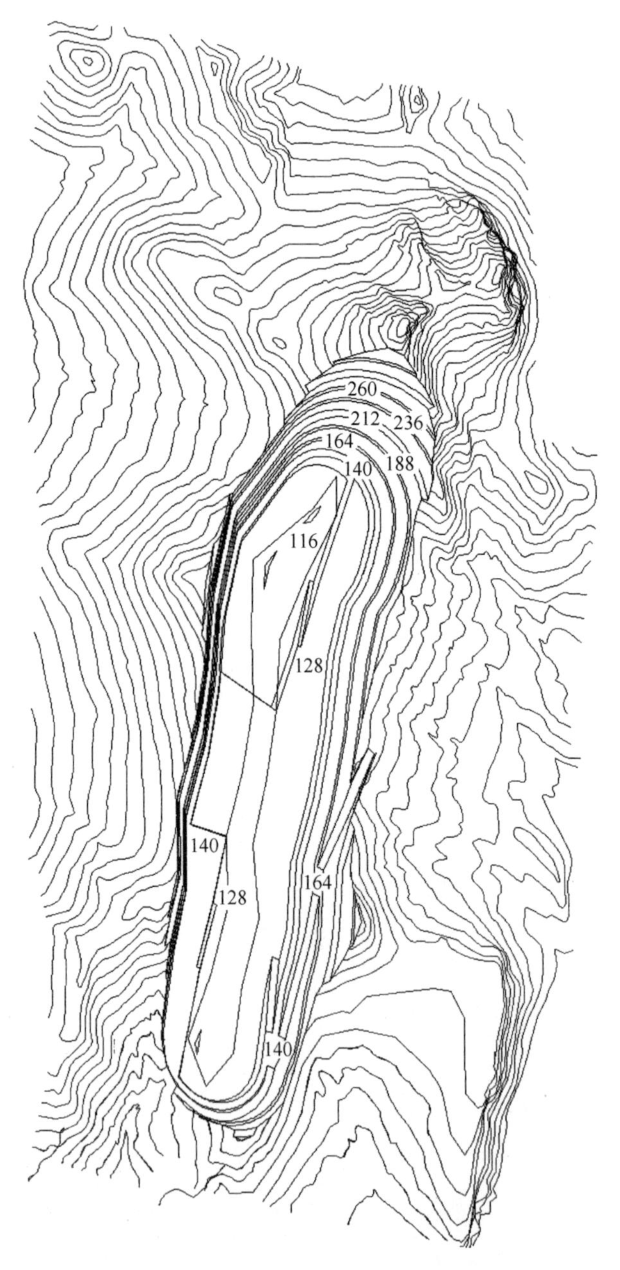

图 5.28 进度计划第 9 年年末三维线框图截屏

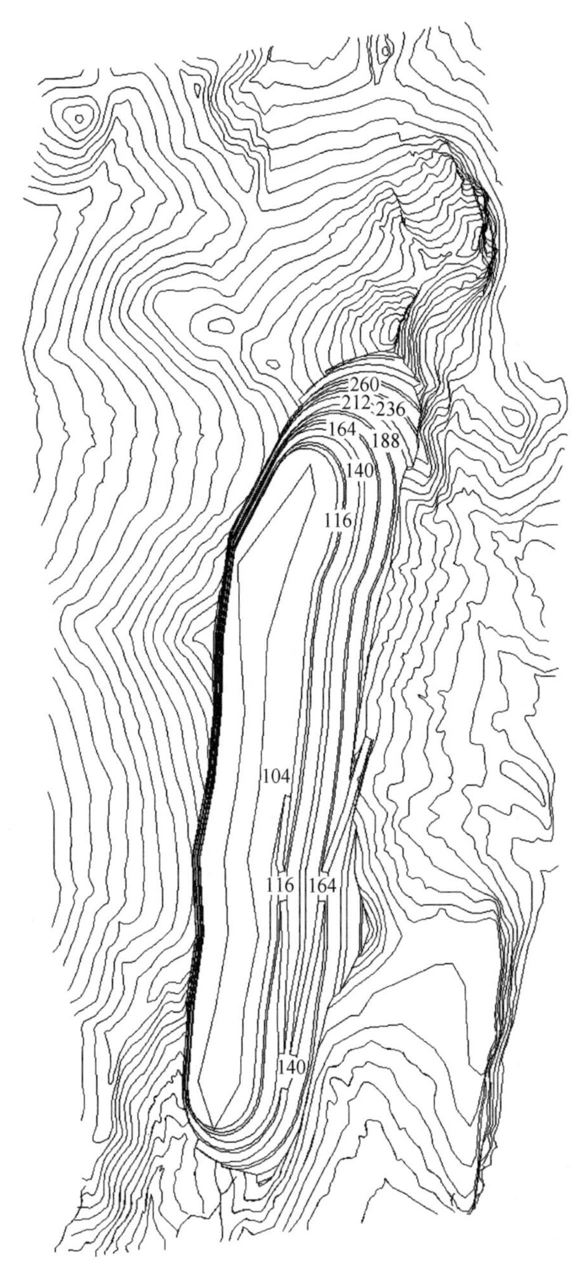

图 5.29 进度计划第 10 年年末三维线框图截屏

6 结　语

本书针对格栅矿床模型在储量计算方面存在运行速度和计算精度相互矛盾的问题，提出建立矢量矿床模型，运用拓扑学、计算机图形学、图形处理技术和采矿学等基本理论和技术，建立了三维矢量块段矿床模型，并运用该模型对矿山三维可视化、境界圈定和露天采掘进度计划编制这 3 个数字矿山的典型应用进行了基础性研究，同时结合实际矿山进行了实例检验，得到以下主要结论：

（1）矿床模型可分为形态模型和质量模型两部分，形态模型描述矿岩的空间形态，便于矿山优化设计的矿岩量计算和矿山三维可视化；质量模型描述矿石品位或特殊性质（如有害成分、磁性等）的分布，便于配矿或其他矿山优化。

（2）提出三维矢量块段矿床模型建模方法，采用多叉树的遍历寻找闭合多边形的迭代算法，实现地质图拓扑闭合轮廓线的提取，并对上下相邻分层闭合多边形进行匹配对应，由此可自动构建出由分层棱柱体层叠而成的三维矢量块段矿床模型。

（3）将三维矢量块段矿床模型用于矿山三维可视化，运用 VR 虚拟现实技术，采用分区分治的方法，可实现露天矿山地表、采场和矿床大规模复杂场景的虚拟现实快速动态建模。

（4）提出三维聚合锥露天境界圈定方法，即通过在各分层中对每个矿体采用中线法直接构造境界锥，并按多种剥采比小于经济合理剥采比为原则判定合格锥，将所有合格锥聚合在一起形成最优露天境界。计算方法简便易行，可提高方案的优化速度。

（5）采用人机交互辅助设计方法编制露天矿采掘进度计划，由此实现自动计算矿岩量、坑线的布置、配铲、计划报表、年末图、矿山发展曲线等进度计划编制内容，其精度与准确度可靠，能够较好地满足采矿生产需要。

（6）通过矿山三维可视化、露天境界圈定和露天矿采掘进度计划编制的3个实例表明，本书直接采用矿山已有地质数据自动构建矢量矿床模型，符合我国国情，构模方法简单，能够准确表达地质对象的几何形状、空间分布关系。由于是矢量模型，计算精度和运算速度高，基于该矿床模型的矿山三维可视化及矿山优化设计的3个数字矿山应用实例都取得了较好的效果，能够适应矿山大规模复杂优化设计需求。

参 考 文 献

[1] 王青，史维祥．采矿学［M］．北京：冶金工业出版社，2001：320-343.

[2] 王金华，汪有刚，傅俊皓，等．数字矿山关键技术研究与示范［J］. 煤炭学报，2016，41 (6)：1323-1331. DOI：10. 13225/j. cnki. jccs. 2016. 0419.

[3] 古德生．21世纪矿业［J］. 有色冶金设计与研究，2002，23（4）：1-5. DOI：10. 3969/j. issn. 1004-4345. 2002. 04. 001.

[4] 王李管，陈鑫．数字矿山技术进展［J］. 中国有色金属学报，2016，26（8）：1693-1710.

[5] 王平，闫宁．数字矿山智能协同综合管控系统构建研究［J］. 煤炭工程，2016，48 (12)：107-109. DOI：10. 11799/ce201612032.

[6] 王梦佳，王雪彤．数字矿山、智慧矿山、虚拟矿山的对比剖析［J］. 测绘与空间地理信息，2015（9）：183-185. DOI：10. 3969/j. issn. 1672-5867. 2015. 09. 064.

[7] 黄艳丽，秦德先，李连伟，等．Surpac Vision 及其在数字矿山中的应用［J］. 矿业快报，2007，23（5）：27-30.

[8] 冯超东，曹亮．基于 SURPAC 的露天矿三维采掘进度计划编制系统［J］. 金属矿山，2008（12）：139-141，156. DOI：10. 3321/j. issn：1001-1250. 2008. 12. 038.

[9] 杨晓坤，秦德先，冯美丽，等．基于 Surpac 的矿山三维地学模型及综合信息成矿预测研究［J］. 地质与资源，2008，17（1）：61-64，80. DOI：10. 3969/j. issn. 1671-1947. 2008. 01. 012.

[10] 马小刚．“数字矿山”建设中的地学软件应用与地矿数据集成［J］. 国土资源信息化，2007（4）：18-22.

[11] 周紫辉．浅谈采矿系统软件 Minesight 在露天境界设计中的应用［J］. 有色冶金设计与研究，2006，27（4）：1-5. DOI：10. 3969/j. issn. 1004-4345. 2006. 04. 001.

[12] 吴立新，朱旺喜，张瑞新，等．数字矿山与我国矿山未来发展［J］. 科技导报，2004 (7)：29-31，28. DOI：10. 3321/j. issn：1000-7857. 2004. 07. 009.

[13] 吴立新，殷作如，钟亚平，等．再论数字矿山：特征、框架与关键技术［J］. 煤炭学报，2003，28（1）：1-7. DOI：10. 3321/j. issn：0253-9993. 2003. 01. 001.

[14] 吴立新，殷作如，邓智毅，等．论21世纪的矿山——数字矿山［J］. 煤炭学报，2000，25（4）：337-342. DOI：10. 3321/j. issn：0253-9993. 2000. 04. 001.

[15] 毕思文，殷作如，何晓群，等．数字矿山的概念、框架、内涵及应用示范［J］. 科技导报，2004（6）：39-41，63. DOI：10. 3321/j. issn：1000-7857. 2004. 06. 009.

[16] 孙豁然，徐帅．论数字矿山［J］. 金属矿山，2007（2）：1-5. DOI：10. 3321/j. issn：1001-1250. 2007. 02. 001.

[17] 王青，吴惠城，牛京考，等．数字矿山的功能内涵及系统构成［J］. 中国矿业，2004，13 (1)：7-10. DOI：10. 3969/j. issn. 1004-4051. 2004. 01. 002.

[18] 陈静，陈鸿章．数字矿山的系统工程方法［J］．山西煤炭，2010，30（4）：38-39. DOI：10. 3969/j. issn. 1672-5050. 2010. 04. 013.

[19] 张幼蒂，王玉浚．采矿系统工程［M］. 北京：中国矿业大学出版社，2005.

[20] Michel Perrin, Beiting Zhu, Jean-Francois Rainaud, et al. Knowledge-driven applications for geological modeling [J]. Journal of Petroleum Science & Engineering, 2005, 47 (1/2): 89-104.

[21] 连长云，冉清昌．研究矿床的最佳途径：矿床模型［J］. 吉林大学学报（地），1995（2）：156-160.

[22] 孟耀伟，舒国权，王山东，等．三维地学建模理论研究与实现［J］. 地理空间信息，2008，6（4）：74-77. DOI：10. 3969/j. issn. 1672-4623. 2008. 04. 026.

[23] 朱超，吴仲雄，张诗启，等．数字矿山的研究现状和发展趋势［J］. 现代矿业，2010，26（2）：25-27. DOI：10. 3969/j. issn. 1674-6082. 2010. 02. 007.

[24] 王李管，曾庆田，贾明涛，等．数字矿山整体实施方案及其关键技术［J］. 采矿技术，2006，6（3）：493-498. DOI：10. 3969/j. issn. 1671-2900. 2006. 03. 156.

[25] 南格利．矿体线框模型及其建立方法［J］. 有色矿山，2001，30（5）：1-4. DOI：10. 3969 /j. issn. 1672-609X. 2001. 05. 001.

[26] Dhont Damien, Luxey Pascal, Chorowicz Jean. Gpohorizons 3D modeling of geologic maps from surface data [J]. AAPG Bulletin-American Association of Petroleum Geologists, 2005, 89 (11): 1465-1474.

[27] Kodge B G, Hiremath P S. Computer Modelling of 3D Geological Surface [J]. International Journal of Computer Science and Information Security, 2011, 9 (2) .

[28] 周玉国．基于三角面片包围模型的数字矿山技术研究［J］. 地矿测绘，2015（3）：18-20，23. DOI：10. 3969/j. issn. 1007-9394. 2015. 03. 006.

[29] 吴鸿敏，杨佳，张宝一，等．固体矿产储量估算系统的研究与实现［J］. 地理信息世界，2007，5（1）：73-78. DOI：10. 3969/j. issn. 1672-1586. 2007. 01. 015.

[30] 陈国旭，吴冲龙，张夏林，等．支持多金属的矿产资源储量估算方法研究［J］. 中国矿业，2009，18（4）：99-101. DOI：10. 3969/j. issn. 1004-4051. 2009. 04. 028.

[31] 刘少华，程朋根，陈红华，等．三维地质建模及可视化研究［J］. 桂林工学院学报，2003，23（2）：154-158. DOI：10. 3969/j. issn. 1674-9057. 2003. 02. 003.

[32] 游安弼，李兵磊．数字矿山建模技术及其展望［J］. 采矿技术，2006，6（2）：59-61，65. DOI：10. 3969/j. issn. 1671-2900. 2006. 02. 025.

[33] 孟耀伟，王山东．基于实体模型的三维地学建模研究与实现［J］. 矿业快报，2007，23（9）：8-10.

[34] 姜川，许世范．数字矿山——矿山企业信息化的方向［J］. 黄金，2004，25（5）：25-28. DOI：10. 3969/j. issn. 1001-1277. 2004. 05. 008.

[35] 陈军，邬伦．数字中国——地理空间基础框架［M］. 北京：科学出版社，2003.

[36] 刘可胜．数字矿山与矿山信息系统研究［J］. 西部探矿工程，2005，17（12）：309-

310. DOI：10. 3969/j. issn. 1004-5716. 2005. 12. 154.

[37] 僧德文，李仲学，张顺堂，等．数字矿山系统框架与关键技术研究［J］. 金属矿山，2005（12）：47-50. DOI：10. 3321/j. issn：1001-1250. 2005. 12. 014.

[38] 杨敏，汪云甲，郝庆旺，等．矿山信息系统开放式架构［J］. 中国矿业大学学报，2003，32（4）：402-406. DOI：10. 3321/j. issn：1000-1964. 2003. 04. 013.

[39] 施发伍，段宗银，张良贵，等．基于 VRML 技术的虚拟现实矿山漫游［J］. 金属矿山，2008（8）：78-81. DOI：10. 3321/j. issn：1001-1250. 2008. 08. 021.

[40] 王志杰，汪云甲，伏永明，等．基于虚拟现实技术的矿山三维建模、显示及漫游系统［J］. 测绘工程，2006，15（1）：44-47. DOI：10. 3969/j. issn. 1006-7949. 2006. 01. 013.

[41] 孟倩，陈德棉．地质模型网格剖分中 Delaunay 三角剖分算法的实现及优化［J］. 佳木斯大学学报（自然科学版），2004，22（3）：323-327. DOI：10. 3969/j. issn. 1008-1402. 2004. 03. 007.

[42] 董洪伟．三角网格分割综述［J］. 中国图像图形学报 A，2010，15（2）：181-193.

[43] 王志宏，陈应显．露天矿三维可视化地质模型的实时动态更新［J］. 辽宁工程技术大学学报（自然科学版），2004，23（1）：21-23. DOI：10. 3969/j. issn. 1008-0562. 2004. 01. 007.

[44] 朱大培，牛文杰，杨钦，等．地质构造的三维可视化［J］. 北京航空航天大学学报，2001，27（4）：448-451. DOI：10. 3969/j. issn. 1001-5965. 2001. 04. 018.

[45] 张立强．基于三维几何模型的多分辨率传输技术研究［D］. 镇江：江苏大学，2013.

[46] Cao Xin，Cong Gao，Jensen C S. Mining Significant Semantic Locations from GPS Data［J］. Proceedings of the VLDB Endowment，2010，3（1-2）：1009-1020.

[47] 马龙．基于综合自动化的数字矿山建设［J］. 电信技术，2010（1）：110-112. DOI：10. 3969/j. issn. 1000-1247. 2010. 01. 032.

[48] 吴立新，余接情，胡青松，等．数字矿山与智能感控的统一空间框架与精确时间同步问题［J］. 煤炭学报，2014，39（8）：1584-1592. DOI：10. 13225/j. cnki. jccs. 2014. 9025.

[49] 陈宇，冯小军．浅谈 3S 技术与数字矿山建设［J］. 煤矿现代化，2009（6）：99-100. DOI：10. 3969/j. issn. 1009-0797. 2009. 06. 062.

[50] 张瑞新，梅晓仁，胡彪，等．数字矿山关键技术与实施对策［J］. 东北大学学报(自然科学版)，2004，25(z1)：17-20. DOI：10. 3321/j. issn：1005-3026. 2004. z1. 005.

[51] 骆力．数字矿山特征及建设探析［J］. 金属矿山，2009（5）：36-39，59. DOI：10. 3321 /j. issn：1001-1250. 2009. 05. 009.

[52] 王大江，张英，李永明，等．构建数字矿山存在的问题与对策［J］. 中国矿业，2004，13（10）：70-72. DOI：10. 3969/j. issn. 1004-4051. 2004. 10. 019.

[53] Gong J Y，Cheng P G，Wang Y D. Three-dimensional modeling and application in geological exploration engineering［J］. Computers & Geosciences，2004，30（4）：

391-404.

[54] Wu Q, Xu H, Zou X K, et al. An effective method for 3D geological modeling with multi-source data integration [J]. Computers geosciences, 2005, 31 (1): 35-43.

[55] 王强，武亚峰，杨晓威，等．利用钻孔数据建立煤矿三维地质模型的理论与实践 [J]. 煤炭工程，2010 (2): 107-109. DOI: 10. 3969/j. issn. 1671-0959. 2010. 02. 042.

[56] 邵安林，陈晓青，张国建，等．矿山反演技术的发展与展望 [J]. 中国矿业，2003, 12 (11): 28-30. DOI: 10. 3969/j. issn. 1004-4051. 2003. 11. 009.

[57] 杨洋，潘懋，吴耕宇，等．三维地质结构模型中闭合地质块体的构建 [J]. 计算机辅助设计与图形学学报，2015 (10): 1929-1935. DOI: 10. 3969/j. issn. 1003-9775. 2015. 10. 015.

[58] Wang G W, Pang Z S, Jeff B Boisvert, et al. Quantitative assessment of mineral resources by combining geostatistics and fractal methods in the Tongshan porphyry Cu deposit (China) [J]. Journal of Geochemical Exploration: Journal of the Association of Exploration Geochemists, 2013, 134: 85-98.

[59] 唐淑兰．平面电子地形图的三维化关键技术研究 [J]. 信息技术，2009 (5): 148-151. DOI: 10. 3969/j. issn. 1009-2552. 2009. 05. 049.

[60] 赵训坡，胡占义．一种实用的基于证据积累的图像曲线粗匹配方法 [J]. 计算机学报，2005, 28 (3): 357-367. DOI: 10. 3321/j. issn: 0254-4164. 2005. 03. 009.

[61] Zhang Y F. A fuzzy approach to digital image warping [J]. IEEE Computer Graphics and Applications, 1996, 16 (2): 33-41.

[62] 陈晓青，任凤玉，张国建，等．一种复杂矿体相邻断面的匹配算法 [J]. 东北大学学报（自然科学版），2011, 32 (4): 579-582. DOI: 10. 3969/j. issn. 1005-3026. 2011. 04. 031.

[63] Sebastian T B, Klein P N, Kimia B B. On aligning curves [J]. IEEE Transactions on Pattern Analysis and Machine Intelligence, 2003, 25 (1): 116-125.

[64] Latecki L J, Lakämper R. Convexity rule for shape decomposition based on discrete contour evolution [J]. Computer Vision and Image Understanding, 1999, 73 (3): 441-454.

[65] Fabbri R, Costa L D F, Torelli J T, et al. 2D Euclidean distance transform algorithms: A comparative survey [J]. ACM Computing Surveys, 2008, 4 (1): 1-44.

[66] 陈少强，李琦，苗前军，等．矢量与栅格结合的三维地质模型编辑方法 [J]. 计算机辅助设计与图形学学报，2005, 17 (7): 1544-1548. DOI: 10. 3321/j. issn: 1003-9775. 2005. 07. 027.

[67] 谢传节，万洪涛．基于四叉树结构的数字地表模型快速生成算法设计 [J]. 中国图像图形学报A辑，2002, 7 (4): 394-399. DOI: 10. 3969/j. issn. 1006-8961. 2002. 04. 016.

[68] 沈敬伟，周廷刚，朱晓波，等．面向带洞面状对象间的拓扑关系描述模型 [J]. 测绘学报，2016, 45 (6): 722-730. DOI: 10. 11947/j. AGCS. 2016. 20150352.

[69] 赵明，王庆，陈昕，等．矢量地形图拓扑等问题的研究与实践 [J]．现代测绘，2004，27 (5)：44-45，48. DOI：10. 3969/j. issn. 1672-4097. 2004. 05. 014.

[70] 王卫安，王玉树．矢量图形数据拓扑结构的生成及应用 [J]．测绘工程，1999 (2)：16-21. DOI：10. 3969/j. issn. 1006-7949. 1999. 02. 004.

[71] 章孝灿，周祖煜，黄智才，等．面状矢量拓扑数据快速栅格化算法 [J]．计算机辅助设计与图形学学报，2005，17 (6)：1220-1225. DOI：10. 3321/j. issn：1003-9775. 2005. 06. 015.

[72] 韩亮．数字矿山空间数据库引擎的研究 [J]．煤矿现代化，2008 (6)：65-66. DOI：10. 3969/j. issn. 1009-0797. 2008. 06. 036.

[73] Zhu L F, Li M J, Li C L, et al. Coupled modeling between geological structure fields and property parameter fields in 3D engineering geological space [J]. Engineering Geology, 2013, 167: 105-116.

[74] 朱炼，唐杰，袁春风，等．三维地质体模型中闭合结构的提取 [J]．中国图像图形学报 A，2009，14 (12)：2582-2587.

[75] 白相志，周付根．三维形体任意剖面轮廓线的提取方法 [J]．中国体视学与图像分析，2006，11 (1)：63-66. DOI：10. 3969/j. issn. 1007-1482. 2006. 01. 015.

[76] Wu L X. Topological relations embodied in a generalized triprism (GTP) model for 3D geosciences modeling system [J]. Computers & Geosciences, 2004, 30 (4): 405-410.

[77] Pouliot J, Bedard K, Kirkwood D, et al. Reasoning about geological space: Coupling 3D GeoModels and topological queries as an aid to spatial data selection [J]. Computers & geosciences, 2008, 34 (5): 529-541.

[78] 翟文国．矢量图形编辑工具的研究与开发 [D]．北京：北京机械工业学院，2002.

[79] 陈建春．矢量图形系统开发与编程 [M]．北京：电子工业出版社，2004.

[80] 马建，孙治国，滕弘飞，等．图形匹配问题 [J]．计算机科学，2001，28 (4)：61-64. DOI：10. 3969/j. issn. 1002-137X. 2001. 04. 016.

[81] Petrakis E G M, Diplaros A, Milios E, et al. Matching and retrieval of distorted and occluded shapes using dynamic programming [J]. IEEE Transactions on Pattern Analysis and Machine Intelligence, 2002, 24 (11): 1501-1516.

[82] Lu J. Systematic identification of polyhedral rock blocks with arbitrary joints and faults [J]. Computers and Geotechnics, 2002, 29 (1): 49-72.

[83] Wang G, Zhu Y, Zhang S, et al. 3D geological modeling based on gravitational and magnetic data inversion in the Luanchuan ore region, Henan Province, China [J]. Journal of Applied Geophysics, 2012, 80: 1-11.

[84] 王春雨，李喜云，张敏秋，等．二维图形的矢量裁剪法 [J]．水利科技与经济，2002，8 (3)：160-161. DOI：10. 3969/j. issn. 1006-7175. 2002. 03. 021.

[85] 陈晓青．金属矿床露天开采 [M]．北京：冶金工业出版社，2010：135-147.

[86] 刘发全，杜建军，林山，等．三维工程地质模型的剖面图和柱状图绘制 [J]．水利与

建筑工程学报，2005，3（1）：20-23，61. DOI：10. 3969/j. issn. 1672-1144. 2005. 01. 006.

[87] 迟元林，李斌，苏勇，等．地质体的二维数值剖分［J］. 大庆石油地质与开发，1999，18（1）：14-16. DOI：10. 3969/j. issn. 1000-3754. 1999. 01. 005.

[88] Masanori Sakamoto, Kiyoji Shiono, Shinji Masumoto, et al. A computerized geologic mapping system based on logical models of geologic structures［J］. Natural Resources Research, 1993, 2（2）：140-147.

[89] Sahm J, Soetebier I, Birthelmer H. Efficient representation and streaming of 3D scenes［J］. Computers & Graphics, 2004, 28（1）：15-24.

[90] Weidlich D, Scherer S, Wabner M, et al. Analyses Using VR/AR Visualization［J］. IEEE Computer Graphics and Applications, 2008, 28（5）：84-86.

[91] Smirnoff A, Boisvert E, Paradis S J. Support vector machine for 3D modeling from sparse geological information of various origins［J］. Computers & Geosciences, 2008, 34（2）：127-143.

[92] 武百超，吴捷，崔继宪，等．一种三角网的快速生成算法［J］. 矿山测量，2010（1）：41-43，47. DOI：10. 3969/j. issn. 1001-358X. 2010. 01. 012.

[93] 段云华．矢量图形网格模型的简化［J］. 电脑知识与技术（学术交流），2005（5）：56-58. DOI：10. 3969/j. issn. 1009-3044. 2005. 05. 020.

[94] 刘世霞，胡事民，汪国平，等．基于三视图的三维形体重建技术［J］. 计算机学报，2000，23（2）：141-146. DOI：10. 3321/j. issn：0254-4164. 2000. 02. 004.

[95] Jason F, Shepherd C, Johnson R. Hexahedral mesh generation constraints［J］. Engineering with computers, 2008, 24（3）：195-213.

[96] Gosselin S, Ollivier-Gooch C. Tetrahedral mesh generation using Delaunay refinement with non-standard quality measures［J］. International Journal for Numerical Methods in Engineering, 2011, 87（8）：795-820.

[97] Gosselins, Ollivier-gooch C. Tetrahedral mesh generation using Delaunay refinement with non-standard quality measures［J］. Int J numer meth eng, 2011, 87（8）：795-820.

[98] 李伦．基于 AE 的等高线三维地形建模与实现［J］. 河南城建学院学报，2009，18（3）：43-46. DOI：10. 3969/j. issn. 1674-7046. 2009. 03. 014.

[99] 翁巧琳，姜昱明．基于等高线的三角网建模及真实感地形重建［J］. 计算机仿真，2007，24（10）：188-191. DOI：10. 3969/j. issn. 1006-9348. 2007. 10. 049.

[100] 汤子东，郑明玺，王思群，等．一种基于三角网的等值线自动填充算法［J］. 中国图像图形学报 A，2009，14（12）：2577-2581.

[101] 张凯选，潘梦清，方辉，等．利用等高线生成 DEM 方法的研究［J］. 测绘工程，2007，16（3）：15-18. DOI：10. 3969/j. issn. 1006-7949. 2007. 03. 004.

[102] 陈晓青，任凤玉，张国建，等．矿山地表三维模型实时重建方法的研究［J］. 中国矿业，2011，20（1）：104-106，116. DOI：10. 3969/j. issn. 1004-4051. 2011. 01. 027.

[103] 张剑波，刘修国，吴信才，等．线性四叉树在基于 LoD 的地表模型绘制中的应用［J］．计算机工程与应用，2002，38（8）：46-47. DOI：10.3321/j. issn：1002-8331. 2002. 08. 017.

[104] 兰玉芳，徐霞，胡英敏，等．等高线内插 DEM 算法的质量评价［J］. 地理与地理信息科学，2012，28（4）：25-28，封 2.

[105] 单煦翔，郑滔，李根，等．一种高效构建 Delaunay 三角网的算法［J］. 江南大学学报（自然科学版），2010，9（2）：191-195. DOI：10.3969/j. issn. 1671-7147. 2010. 02. 014.

[106] 文学东，卢秀山，李青元，等．基于三棱柱的三维地质体建模及可视化研究［J］. 测绘科学,2005,30(5):82-83,94. DOI:10.3771/j. issn. 1009-2307. 2005. 05. 029.

[107] 钱苏斌．基于轮廓线的任意形体三维重建［J］. 成都大学学报（自然科学版），2013，32（3）：262-266. DOI：10.3969/j. issn. 1004-5422. 2013. 03. 013.

[108] Caumon G，Collon-Drouaillet P，Le Carlierde Veslud C，et al. Surface-Based 3D Modeling of Geological Structures［J］. Mathematical Geosciences，2009，41（8）：927-946.

[109] Cheng P，Cheng Y S. 3D Modeling and Quantitative Analysis of the Complex Geological Body［J］. Acta Geologica Sinica，2014，88（2）：1279-1280.

[110] Liu J Q，Mao X P，Wu C L，et al. Study on a Computing Technique Suitable for True 3D Modeling of Complex Geologic Bodies［J］. Journal of the Geological Society of India，2013，82（5）：570-574.

[111] Zhang L Q，Tan Y M，Kang Z Z，et al. A methodology for 3D modeling and visualization of geological objects［J］. Science in China Series D：Earth Sciences，2009，52（7）：1022-1029.

[112] Gong J，Cheng P，Liu R，et al. Study on 3D modeling and Visualization in Geological Exploration Engineering［J］. International Archives of Photogrammetry Remote Sensing and Spatial Information Sciences，2002，34（2）：133-136.

[113] 罗钟铉，罗代耘，樊鑫，等．射影变换下新的形状匹配方法［J］. 计算机辅助设计与图形学学报，2014，26（4）：559-565.

[114] 谢萍，马小勇，张宪民，等．一种快速的复杂多边形匹配算法［J］. 计算机工程，2003，29（16）：177-178，181. DOI：10.3969/j. issn. 1000-3428. 2003. 16. 070.

[115] 丁弋川，刘利刚．多边形顶点匹配优化算法［J］. 浙江大学学报（工学版），2007，41（9）：1532-1536，1540. DOI：10.3785/j. issn. 1008-973X. 2007. 09. 021.

[116] 郝晋会，郝秀强．矿床三维可视化构模技术研究及应用［J］. 矿业研究与开发，2008，28（1）：49-51. DOI：10.3969/j. issn. 1005-2763. 2008. 01. 018.

[117] 赵攀，田宜平．基于剖面的层状与非层状矿体的三维可视化研究［J］. 金属矿山，2008（9）：90-92，96. DOI：10.3321/j. issn：1001-1250. 2008. 09. 027.

[118] Wang B J，Shi B，Song Z，et al. A simple approach to 3D geological modelling and visualization［J］. Bulletin of engineering geology and the environment，2009，68（4）：

559-565.

[119] Latecki L J, Lakämper R. Shape similarity measure based on correspondence of visual parts [J]. IEEE Transactions on Pattern Analysis and Machine Intelligence, 2000, 22 (10): 1185-1190.

[120] 孙岩，唐棣. 一个快速有效的凹多边形分解算法 [J]. 鞍山师范学院学报，2001，3 (1)：99-102. DOI：10. 3969/j. issn. 1008-2441. 2001. 01. 028.

[121] 马洪滨，郭甲腾. 一种新的多轮廓线重构三维形体算法：切开-缝合法 [J]. 东北大学学报（自然科学版），2007，28 (1)：111-114. DOI：10. 3321/j. issn：1005-3026. 2007. 01. 028.

[122] 陆济湘. 三维物体建模和场景构造技术研究 [D]. 武汉：华中科技大学，2010. DOI：10. 7666/d. d139965.

[123] 高彦，张雨果，李慧静，等. 露天矿境界圈定复合锥法 [J]. 中国矿业，2004，13 (4)：42-44. DOI：10. 3969/j. issn. 1004-4051. 2004. 04. 014.

[124] 陈晓青，任凤玉，张国建，等. 一种计算机圈定露天矿境界的新方法 [J]. 辽宁工程技术大学学报（自然科学版），2011，30 (1)：5-8. DOI：10. 3969/j. issn. 1008-0562. 2011. 01. 002.

[125] 张彤炜，王李管，龚元翔，等. 露天开采的境界优化算法研究及应用 [J]. 金属矿山，2008 (2)：30-34. DOI：10. 3321/j. issn：1001-1250. 2008. 02. 008.

[126] 柳新华. 复合锥法露天矿境界圈定 [D]. 鞍山：辽宁科技大学，2010.

[127] 胡鹏，王海军，邵春丽，等. 论多边形中轴问题和算法 [J]. 武汉大学学报（信息科学版），2005，30(10)：853-857. DOI：10. 3321/j. issn：1671-8860. 2005. 10. 002.

[128] Abdollahisharif J, Bakhtavar E, Alipour A, et al. Geological modeling and short-term production planning of dimension stone quarries based on market demand [J]. Journal of the Geological Society of India, 2012, 80 (3): 420-428.